国家自然科学基金项目"基于多源空间数据同化与风场影响参数量化模拟分析的城市风道规划方法研究"（51578482）

浙江大学教育基金会建筑工程学院金成城乡规划学科发展专项基金

城市风道
量化模拟分析与规划设计

URBAN WIND CORRIDOR
QUANTITATIVE SIMULATION ANALYSIS
AND PLANNING DESIGN

王伟武 ◇ 著

ZHEJIANG UNIVERSITY PRESS
浙江大学出版社

图书在版编目(CIP)数据

城市风道量化模拟分析与规划设计 / 王伟武著. —
杭州：浙江大学出版社，2020.3
ISBN 978-7-308-20066-0

Ⅰ.①城… Ⅱ.①王… Ⅲ.①风－城市气候－研究
Ⅳ.①P463.3

中国版本图书馆 CIP 数据核字(2020)第 036806 号

城市风道量化模拟分析与规划设计

王伟武　著

责任编辑	樊晓燕	
责任校对	刘　郡	
封面设计	雷建军	
出版发行	浙江大学出版社	
	（杭州市天目山路 148 号　邮政编码 310007）	
	（网址：http://www.zjupress.com）	
排　　版	浙江时代出版服务有限公司	
印　　刷	杭州良渚印刷有限公司	
开　　本	710mm×1000mm　1/16	
印　　张	14.75	
字　　数	228 千	
版 印 次	2020 年 3 月第 1 版　2020 年 3 月第 1 次印刷	
书　　号	ISBN 978-7-308-20066-0	
定　　价	59.00 元	

审图号：浙杭 S(2020)008 号

前　言

　　随着改革开放不断深入和社会经济稳步发展,中国城镇化发展进程不断加速,截至 2018 年年底我国城镇化水平已达 59.58%。城镇化发展使得城市人口和城市建设面积大规模扩张。以往在城市规划建设时往往忽视对城市通风性能的考量,导致在城市内人们生产生活产生的热量得不到及时扩散,高浓度污染物得不到及时稀释,从而降低了城市热环境和风环境的舒适性。城市风道的量化研究与规划设计是缓解城市热岛效应、驱散城市雾霾、实现城市人居环境可持续发展需求的有效途径之一。

　　我国有关城市风道的研究始于 1982 年城市气候学术会议。30 余年来,由于城市规划建设部门与环境部门关注的重点不一致,虽然各自都有一些科研论文成果,但系统综合的城市风道研究却较少见。目前关于城市风道的量化研究还处在方法和内容的探索阶段。本书在阐明城市风道研究的背景和意义、分析国内外城市风道研究进展的基础上,尝试归纳城市风道构建的理论基础与技术方法框架,并以杭州为例,从城市—城区—街区—街道四个空间尺度,开展了城市通风廊道构建、通风潜力及通风效果的量化研究,提出了相应的规划设计管控对策,以期为城市风环境改善及城市空间科学的规划设计等提供科学依据和技术引导。

　　由于城市风道研究涉及的学科多,知识面广,综合性强,技术要求高,而作者水平有限,经验不足,难免有错误和不当之处,敬请读者批评指正。

王伟武

2019 年 10 月于紫金港

目　录

第1章 绪 论

1.1 研究背景及意义

1.1.1 研究背景

1.城市化使得城市气候环境问题日益严重

近年来,我国城镇化进程不断加快,截至 2018 年,我国的城镇化水平已经达到 59.58%。城镇化进程将越来越多的原城郊人口纳入城市,城区建设规模不断扩大,越来越多的自然土地转变为城镇建设用地。城镇化建设引发的城市环境问题日益突出,严重威胁了人类的生存和发展。其中,城市热岛效应和城市空气污染尤为突出,已成为城市规划建设需重点考虑的问题。

城市热岛效应是城市热环境恶化的突出表征。城市热岛效应是指因下垫面热属性的改变、人为热排放以及建筑物和道路等吸热体的增加而导致城市温度明显高于外围郊区的现象。近年来,我国大城市的城市热岛效应愈发汹涌,夏季持续高温的现象频发。这从图 1-1 所示的 1951—2016 年杭州市全年平均气温变化趋势就可见一斑。高温热浪不仅出现在传统的"火炉"城市中,而且已逐渐蔓延至全国各地。城市热岛效应引发的城市热浪以及持续的高温天气不仅给公众的身心健康和社会的经济发展带来不可低估的损害,而且会导致干旱、供水困难、易发生火灾以及极端天气的增加。

首先,城市热岛效应会降低城市居民的生活舒适性,引发或者加剧一

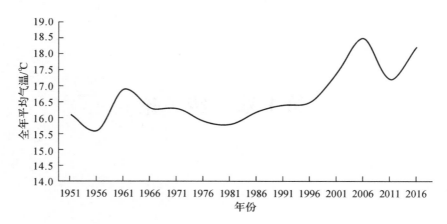

图 1-1　1951—2016 年杭州市全年平均气温变化趋势

些生理或者心理上的疾病。有相关临床医学试验证明,环境温度可以影响人体的生理活动。环境温度在 28℃ 以上时,人体会产生不适感,可能会出现消化系统方面的疾病,表现为食欲不振、消化能力下降以及溃疡疾病等。随着环境温度的进一步升高,人们还会出现烦闷焦躁、抑郁不振、记忆减退、神经官能征、精神紊乱等神经系统疾病。当环境温度高于 34℃ 时,极易造成人体中暑,并增加心脑血管和呼吸系统方面疾病的发病率,死亡率也会随之上升[①]。

其次,城市热岛效应还会增加城市的水电消耗,造成水电供应紧张,给城市经济带来损失。当城市所处的整体环境温度升高时,各种制冷设备将长时间处于工作状态。这不仅会增加水电能耗,而且产生的废热会进入大气中。随着温度的升高,水分的蒸发流失更加严重,城市生产、生活、景观以及绿化用水量都会显著增加。

再次,城市热岛效应还会加剧空气污染,使城市雾霾更加严重。随着空气温度的升高,空气中的部分气体会发生化学反应而形成光化学烟雾。这不仅加重了空气污染,而且会危害人体健康。缓解城市热岛效应已成为当务之急。

城市雾霾是近年来愈来愈严重的另一大城市环境问题。雾霾是空气

---

① 张逢生,王雁,闫世明,等.浅析城市"热岛效应"的危害及治理措施[J].科技情报开发与经济,2011,21(32):147—149.

中大量悬浮微粒与气象条件共同作用的结果,是空气污染较严重的状态。不合理的土地利用和城市扩张会导致城市风道受阻,使得途经市区的风速和强度都有所下降,静风频率增加,污染物难以扩散,从而导致城市雾霾的形成。雾霾不仅会影响人的呼吸系统,诱发呼吸道疾病、鼻腔炎症等疾病,还会降低空气能见度,易导致严重的交通事故,迫使高速封道、航班延误或取消,给公众的正常生活造成严重影响。

另外,城市热岛环流还会增强城区与郊区之间的空气对流,使得降水更易集中在城区,从而增加城市的雨涝排放负担。

城市风道研究的主要目的之一就是缓解城市热岛效应及城市雾霾,进而更好地缓解其所带来的各种危害。由于大气具有自我净化能力,而风作为影响大气污染自然净化的主要因素之一,具有重要作用[1]。在城市无风或静风的条件下,由于大气流动困难,污染物积累浓度高,城市污染往往是最严重的。加强自然通风是改善城市热环境相对有效的途径之一。研究表明,通风是仅次于遮阳的改善热环境的途径[2]。城市通风能够带走城市中的热量与各种污染物,从而释放城市热量并降低污染物浓度[3]。由此可见,城市风道缓解空气污染、增强城市通风自净能力的作用尤为重要。因此,城市风道研究对缓减城市化带来的城市气候生态环境问题十分重要。

2. 新型城镇化、节能减排及提升城市人居生态环境的需求

新中国成立以来,持续高速的城镇化进程及粗犷的发展方式带来了一系列城市社会与环境问题,例如:(1)土地城镇化超越人口城镇化,基本农田不断被侵占;(2)过度依赖和开发石油、煤炭等传统能源,导致能源和资源枯竭;(3)公众的生态环保以及节能意识薄弱,导致长期大规模采用高污染、高耗能、高排放的生产模式等。党的十八大正式提出了"新型城

---

① 李宗恺,潘云仙,孙润桥.空气污染气象学原理及应用[M].北京:气象出版社,1985:35—58.
② 张磊,孟庆林,赵立华,等.湿热地区城市热环境评价指标的简化计算方法[J].华南理工大学学报(自然科学版),2008,36(11):96—100.
③ 徐小东.基于生物气候条件的城市设计生态策略研究:以冬冷夏热地区城市设计为例[J].城市建筑,2006(7):22—25.

镇化"概念。2012 年 12 月中旬召开的中央经济工作会议首次提出要"把生态文明理念和原则全面融入城镇化全过程,走集约、智能、绿色、低碳的新型城镇化道路"。新型城镇化必须坚持可持续的发展观,关注和探索绿色健康、生态文明、低碳转型的发展之路[1]。《国家新型城镇化规划(2014—2020 年)》对城镇化提出了明确要求,即"生态文明、节约集约、绿色低碳",提倡绿色生产、绿色消费的新观念。

随着城市的发展以及经济的增长,城市能源的消耗不再局限于生产领域。城市人口规模的扩大、居民生活条件的改善、经济的增长以及空间的扩张都在能源消耗中占据重要份额。能源消耗增大的最直接后果是碳排放压力增大,大量的二氧化碳、废热以及污染物排入大气中,给城市环境和公众的生活带来巨大影响。2013 年,中国的碳排放量达到 100 亿吨,超过美国与欧盟的总和,成为全球碳排放量最大的国家。为了抑制全球变暖,控制碳排放量,在全球范围内各国签署了一系列公约或协议(见表 1-1)。

表 1-1　全球范围内签署有关环保的公约或协议

年份	1992 年	1997 年	2007 年	2009 年	2016 年
名称	联合国气候变化框架协议	京都议定书	巴厘路线图	哥本哈根议定书	巴黎协定

在全球减排的背景下,中国也做出相关承诺并制订了计划。在 2016 年 4 月 22 日《巴黎协定》签署仪式上,中国成为首批签署协议的国家,与其他各国共同承诺将全球气温升高幅度控制在 2℃以内。我国的"十三五"规划纲要指出,要大幅度降低能源消耗和二氧化碳排放强度,将能源消费总量控制在 50 亿吨标准煤以内,并制订城市空气质量达标计划,严格落实约束性指标。良好的城市通风环境能间接地促进城市能源消耗的减少。降低空调的使用率、发展绿色建筑等,也将推进低碳城市的建设,有效促进城市向资源节约、环境友好的方向持续发展。

随着居民生活水平的提高,人们对生活环境的要求也在日益提高。

———————————

[1]　单卓然,黄亚平."新型城镇化"概念内涵、目标内容、规划策略及认知误区解析[J].城市规划学刊,2013(2):16—22.

环境质量已经成为人们重点关注的问题。问卷统计显示,96.5%的居民认为我国当前的环境问题比较严重,83.4%的城市居民对生活环境的质量较为关注①。1999年李莹等利用意愿调查价值评估法分析了北京市居民为改善大气环境质量的支付意愿。结果表明,居民为降低50%的污染物浓度总的支付意愿是3.36亿元/年,平均支付意愿是143元/(户·年)②。学者们有关改善城市环境的支付意愿的研究结果充分显示了居民对提升城市环境、人居环境的迫切要求。

3.城市规划和管理部门对城市风道研究的重视

如何控制快速城镇化进程所带来的负面环境效应,以应对气候变化所带来的不良影响和满足城市居民的宜居性和舒适度需求,是城市规划和管理部门必须要面对的重要课题。2016年2月,国家发展改革委与住房和城乡建设部联合印发了《城市适应气候变化行动方案》,明确提出要"打通城市通风廊道,增加城市的空气流动性,缓解城市'热岛效应'和雾霾等问题",并提出到2020年建设30个适应气候变化的试点城市。同年,住房和城乡建设部和生态环境部联合发布了《全国城市生态保护与建设规划(2015—2020年)》,明确提出了城市生态空间保护与管控目标及重点工程。无论是政策热度还是实施力度,风道规划在国家的顶层规划中都已受到高度重视。

4.城市风道的规划建设缺乏定量分析的支撑

早在20世纪80年代,德国气象部门已经针对土地利用变化与城市气候环境变化之间的关系开展研究,并制作了城市环境气候图以指导城市生态环境方面的建设管理。进入20世纪90年代之后,德国工程师协会委员会制定了有关城市环境评估的指导意见《VDI3787》和技术标准,其涉及风环境评估与规划应用方面。在20世纪90年代,日本也展开了城市气候环境与规划应用相结合方面的研究。21世纪之前,大部分相关研究主要集中在城市热环境的模拟上。进入21世纪之后,人们逐渐将研究

---

① 顾程亮.城市居民对改善环境质量的支付意愿研究[D].南京:中共江苏省委党校,2016.
② 李莹,白墨,杨开忠,等.居民为改善北京市大气环境质量的支付意愿研究[J].城市环境与城市生态,2001,14(5):6-8.

重心转向城市风环境,总结出了"风、绿、水"的概念①。与此同时,学术界开始由研究大尺度城市气候模型转向小尺度建筑气候模型,并且引入数值模型对建筑物风环境以及风场参数进行模拟。目前国外对城市风道的研究已经由定性分析进入到数值仿真模拟的阶段。国内应用数值仿真模拟技术进行城市风道研究起步较晚。香港特别行政区规划署于2003年就较早地开始对香港地区的空气流通状况进行评估,并将研究成果纳入了相关规划标准中。其他如武汉、北京、长沙、西安和杭州等城市也陆续开展了城市通风环境方面的研究,提出了一些改善城市风环境的建议。另外,有学者致力于对城市风道构建的定性分析,如朱亚澜等提出从城市外部空间形态、边缘空间结构以及总体规模等方面构建城市风道②。得益于计算机技术的发展,越来越多的学者可以基于高性能计算机以及云服务平台,运用CFD、WRF、GIS以及MATLAB等软件对不同尺度的城市通风环境进行模拟。但是,目前学术界对于城市风道量化模拟以及规划建设指标参数化方面的研究较少,而这方面的研究对于城市风道的实施具有关键意义。面对城市环境不断恶化的局面,开展相关方面量化研究的重要性日益显现。

早期的城市风道理论是在城市大气环境不断恶化的现实困境中,被动地分析城市气候环境而产生的。德国在对城市气候环境进行评价方面积累了丰富的经验,并将分析成果用于指导土地利用规划和建设规划。日本在学习德国的基础上,通过分析城市风热环境而提出了利用水体、绿带以及海风来构筑"风之道"的方法。

1.1.2　研究意义

在现有技术条件下,国外已经能够成熟运用相关理论对城市风环境和热环境进行模拟分析,并且建立了完整的理论体系和技术体系。我国虽然在这方面的研究起步较晚,但是依托于国外成熟的理论体系,很多城

---

① 任超,袁超,何正军,等.城市通风廊道研究及其规划应用[J].城市规划学刊,2014(3):52—60.

② 朱亚澜.余莉莉,丁绍刚.城市通风道在改善城市环境中的运用[J].城市发展研究,2008,15(1):46—49.

市已经陆续开展了与城市风道相关的研究。但是,这些研究主要集中在风环境评价层面,多为定性分析,定量分析中也较少涉及城市风道量化模拟以及规划建设指标的参数化。

1.理论意义

城市通风廊道(以下简称"城市风道")规划即在城市中建设生态绿色走廊或在城市的局部区域打开一个通风口或廊道。城市风道规划的目的是利用温差效应及风的流体特征,将郊区洁净的空气导入城市,并将城市中受污染的空气随风稀释排出,从而起到缓解城市热岛效应和减少城市雾霾的作用。目前,部分国家针对城市风道已有相对成熟的理论以及相关的技术和规划制度,为城市风道的建设提供有力支撑。如德国从 20 世纪 80 年代起就致力于此研究,经过多年的摸索和实践,形成了完善的通风廊道构建体系,并将其纳入建设指导规划之中,逐步运用于城市总体规划与土地利用规划中。而我国对城市风道的研究尚处于起步阶段,尚未形成相对完善的制度体系。传统的城市风道规划,主要考虑城市空间布局的合理性以及对建筑关系的科学处理,在总体规划层面上以理论分析、定性为主,确定城市风道的总体布局方案。其定量研究只是停留在住区或建筑的单体尺度上。而且由于缺乏城市三维空间模型与数值模拟分析技术的支撑,目前的城市风道规划很少有定量的分析与三维空间模拟,很难向控制性详细规划和城市设计的层次与深度推进,也难以将规划真正落实。因此,到目前为止,我国城市风道规划的理论与方法尚处于不够系统、不够全面及缺乏定量化分析与科学性的状态。本研究基于归纳总结当前国内外通风廊道的理论基础,提出定性分析与定量分析相结合的城市风道构建方法,具有相对较高的可信度。

城市风道作为缓解城市热岛效应和雾霾的有效方法之一,可以为城市规划和管理提供有力依据,增加规划的前瞻性,有助于使规划设计的理念和价值向更科学、合理的方向发展,使其成为名副其实的环境友好型规划。

从生态环境角度看,城市风道主要有以下六个方面的作用:

(1)缓减热岛效应。城市热环境是城市人居环境的重要组成部分,关系到城市居民的环境舒适度和生活质量。

(2)改善大气污染。风是影响城市大气污染自然净化的主要因素。快速城镇化带来大量废气,这些漂浮在大气中的污染物质不仅降低了城市的空气质量,也阻碍了城市热量的散发。要保持较高的空气质量,城市中的污染物需要通过风来迅速稀释扩散。

(3)防治流行疾病。已有研究表明,城市内部良好的通风环境是一种能有效抑制易通过空气传染且传染性强的流行病传播的重要方法。

(4)降低能源消耗。高温环境导致城市能源消耗增大,使得供水、供电紧张。它不仅消耗了大量的能源,增加城市发展的成本,也给城市居民的生活和工作造成了严重影响。

(5)提供休憩场所。通过风道规划可降低城市的开发强度,带动公园、绿道等生态基础设施建设,为城市居民提供理想的休憩场所。

(6)预留发展空间。结合城市规划和环境保护规划,划定生态红线,城市风道规划可以保护绿水青山,为城市未来发展预留空间。

2. 实践意义

近年来,随着城市规模的不断扩张和公众对生活质量要求的日渐增高,城市建筑愈加密集,机动车保有量逐渐增长,空调使用频率越发频繁,能源消耗也越来越大,由此引发的城市热岛效应和浊岛效应也愈加严重,城市产生的热量已经不能完全由自身的循环系统排出,城市上空聚集的污染物也无法顺利扩散。这些严重影响了城市的热环境和空气质量。风是流动的气体,是自然界气候环境的重要构成因素之一。合理有效地利用风的作用,可以有效改善城市微环境,缓解城市热岛效应和浊岛效应,提高城市的人居生活环境。

城市风道的建立对城市气候的调节和空气污染的治理具有重要作用。城市风道通过输送、切割以及散热作用,打破了城市热岛环流,有助于城郊凉爽气流的渗入,增强城内空气的流动性,改善城市热环境。具体表现为:

(1)输送作用。将城郊的新鲜空气和冷空气以风的形式输送至市区,以达到平衡市区与郊区的温差、缓解城市高温的目的。

(2)切割作用。通过绿廊、水廊等大尺度廊道切割城市热场,缓和城市热场的辐射作用,以达到消除热岛的规模效应和叠加效应的作用[1]。

(3)散热作用。城市风道多为河道、绿地、林荫大道等,本身就具备散热降温的功效,有利于增强城市内的蒸发作用和蒸腾作用,能有效改善城市微气候。

风向和风速与城市空气污染息息相关。风向决定了污染物的输送方向。通常污染源的下风向的污染程度比上风向更严重。风速则决定了空气中污染物的稀释扩散程度,风速越大,对污染物的稀释作用也就越强,空气中的污染物的浓度也就越低。合理的城市风道规划能改善城市风环境,吹散聚集在城市穹形尘盖中的污染物,降低城市浊岛效应,达到治理城市空气污染的作用。此外,城市风道多采用绿地、景观的布设形式,可着重培植吸附作用强的植物,吸附空气污染物中的固态或液态微粒,改善空气质量。

与全球气候变暖、冰川融化以及海平面上升等气候性灾难相比,城市热岛效应给在城市中生活的人们以更加强烈的感官冲击。城市热岛效应会危及人们的身心健康,造成城市经济损失,并加剧城市空气污染。人类社会由工业时代、电气时代逐渐进入到信息技术时代,科学技术也随之迅猛发展。与此同时,能源消耗量也逐渐增加,由此产生的温室气体、烟尘颗粒以及其他污染物质进入到空气当中,形成雾霾,对人们的身心健康、空气环境、农业生产和交通运输安全构成严重威胁。城市风道能够利用空气的流体特性以及热力学特征差异疏散城市中受污染的热空气,引入新鲜洁净的冷空气,从而缓解城市热岛效应和减少城市雾霾。

新型城镇化本质上还是城镇化,其结果是大量的人口进入城市中,并且带动土地的城镇化。其催生了城市就业和经济发展,也带来了城市热岛效应和城市雾霾等环境问题。这些环境问题的出现表明城市的生态环境承载力已经出现过饱和现象,同时也是提醒城市管理者及时改善城市通风环境质量的信号。节能减排是对城市可持续、低碳、健康的发展提出的要求。城市热岛效应和城市雾霾因其会增加城市能耗和破坏城市环境而成为急需解决的问题。改善城市通风环境质量、提高城市的生态环境

---

① 陶康华,陈云浩,周巧兰,等.热力景观在城市生态规划中的应用[J].城市研究,
　　1999(1):20-22,63.

承载能力已是当务之急。对城市风道进行量化模拟,可以为构建城市风道提供决策支持,缓解城市热岛效应和城市雾霾,从而改善城市通风环境质量。

本研究针对杭州城区、杭州未来科技城的城市住宅、城市主要道路多个空间层次开展研究,在空间上层次分明,研究结果更具现实指导意义。杭州市作为长三角宁杭生态经济带节点城市,其自然生态环境的提升对其自身的社会经济发展有着重要的意义。未来科技城重点建设区位于城西科创走廊通风廊道之上。《城西科创大走廊十大平台近期建设规划(2019—2022年)》已明确了杭州未来科技城的地位,即以科技文化为主的杭州城市级中心。因此,通过风场量化模拟来实现杭州市通风廊道的选择及未来科技城区域城市风道规划设计方案的优化,不仅能为杭州市主城区的热环境和风环境的改善提供"通风口",也能从保证通风潜力需求角度实现未来科技城以创新产业集聚为特色的规划设计的方案优化。

1.2 城市风道的基本概念及其基础理论

1.2.1 城市风道及其构成

德国是在城市气候研究领域最先开始探索城市风道的国家。"城市通风廊道"(即城市风道)的概念始于德语词"Ventilationsbahn",其中"Ventilation"是通风的意思,"Bahn"是通道的意思。英文文献中常把城市风道称为"urban ventilation channel"或者"urban ventilation path"。在我国的城市规划实践中,常常使用"绿色风廊""楔形绿地""通风走廊"等词汇,即在城市绿色生态走廊或者城市局部地区打开通风口,将郊区的新鲜空气引入城市主城区。2005年香港特别行政区规划署颁布的《香港规划标准与准则》在第十一节中也明确指出了城市风道的定义和功能:"城市风道应以大型空旷地带连成,例如非建筑用地、相连的休憩用地、主要道路、美化市容地带、建筑线后移地带以及低矮楼群等。城市风道应顺应盛行风主导风向,并在可能的情况下保持或引导其他天然气流吹向城市建区。"①从城市总体规划的角度出发,城市风道规划的概念则更为广义,它包括在总体规划布局体系中考虑风的流通引导通道,将湖泊水系、山体森林、公园绿地等开敞空间与城市建设进行综合考虑,通过对路网结构与走向、建筑高度、建筑密度、绿地系统等的控制使得开敞空间与绿地系统形成点、线、面相衔接的网络结构。本书所研究的城市风道规划的概念更倾向于从城市总体规划角度出发的广义概念,综合考虑城市的山水特征、绿地系统以及城市建设情况,通过对建筑高度、建筑密度、城市路网、开敞空间系统等因素的控制,以实现城市风道规划的落地。这样也更容易处理城市开发建设与城市风道建设的关系。

德国学者 Kress 最早依据局地环流运行规律提出了下垫面气候功能评价标准,将城市通风道系统分为作用空间(Wirkungsraum)、补偿空间(Ausgleichsraum)以及空气引导通道(Luftleitbahn)。其中,作用空间指需要改善热污染或者空气污染的待建区或建成区;补偿空间,即气候生态补偿空间,指冷空气或者新鲜空气的来源地;空气引导通道指作用空间与补偿空间之间的连接通道,要求粗糙度低、空气流通阻力小,可引导城郊补偿空间的新鲜空气吹向作用空间②。城市中作用空间、补偿空间、空气引导通道及相互之间的作用示意图见图 1-2③。

1. 作用空间

作用空间通常是以城市核心区为中心向四周逐步扩展的区域。该区域内城市化程度深,建筑、人流、车流密集,各类社会活动频繁发生,人为热排放严重且空气难以流通。因此,此类区域是城市风道建设的重点区域,急需提高区域内部的空气接纳能力和交换能力。而提高城市空气接纳能力和交换能力涉及的主要是城市风压差,其受城市中建筑布局的影响。从小尺度来说,单幢建筑的迎风面和背风面就能产生较大的压力差值;从大尺度来说,城市建筑群之间易形成狭管效应从而形成局部的疾

---

① 香港特别行政区规划署. 香港规划标准与准则[Z]. 2005.

② 刘姝宇,沈济黄. 基于局地环流的城市通风道规划方法——以德国斯图加特市为例[J]. 浙江大学学报(工学版),2010,44(10):1985-1991.

③ 翁清鹏,张慧,包洪新,等. 南京市通风廊道研究[J]. 科学技术与工程,2015,15(11):89-94.

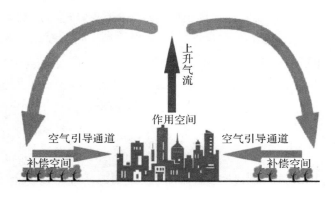

图 1-2　城市风道系统示意

风区和静风区,进而影响城市的通风能力。因此,完善城市建筑布局,包括对建筑密度、建筑高度、容积率以及开发强度的控制等,是促进城市风道建设的重要因素。

2. 补偿空间

补偿空间通常与作用空间直接毗邻,作用空间中的热污染和空气污染因紧邻补偿空间而进行气流交换,从而得以一定程度的缓解。补偿空间涉及的主要是城市热压梯度。城市核心区由于下垫面性质和众多热源的存在形成了城市热岛,使得城市核心区的温度明显高于周边郊区,形成较大的热压梯度差。德国学者 Kress 依据局地环流理论,将补偿空间分为两类:一类是能够激发作用空间中空气循环的补偿空间,其功能主要是确保作用空间中冷空气的来源;另一类是降低污染的补偿空间,即具有净化流入空气的功能[1]。张晓钰等就补偿空间和城市热压差的关系进行了总结,将补偿空间分为生产冷空气的冷空气生成区域和能够在日间提供舒适气候条件的热补偿区域[2]。

(1)冷空气生成区域

在静风频发的城市中,最重要的补偿空间是冷空气生成区域。因此,

---

[1]　Kress R. Regionale Luftaustauschprozesse und ihre Bedeutung für die räumliche planung[M]. Dortmund:Institut für Umweltschutz der Universität Dortmund,1979:154—168.

[2]　张晓钰,郝日明,张明娟. 城市通风道规划的基础性研究[J]. 环境科学与技术,2014,37(S2):257—261.

应充分利用城市地形以及夜间的冷空气气流组织城市通风。土地利用覆盖类型和土壤性质是影响夜间近地空气层冷却程度的重要因素。地表热容和热导相对较小的未开发建设区域是理想的冷空气生成区域。有研究表明,草地和耕地是最理想的冷空气生成区域,其次是山坡和林地[1]。一般情况下,冷空气的流动速度与地形的陡峭程度和冷空气生成区域的面积成正比。

（2）热补偿区域

近郊林地和内城绿地均为城市重要的热补偿区域。近郊林地有着出众的热补偿功能和空气调节功能。无论处于何种气候条件下的城市都需发展和维护近郊林地的热补偿功能,应尽量利用城市风道引入近郊林地中的新鲜冷空气[2]。内城绿地是城市的另一大热补偿区域,但并不是所有的内城绿地都能成为热补偿区域。德国学者 Horbert 指出[3],作为补偿空间的绿地必须同时满足以下两个条件:一是能创造舒适的空气卫生条件和生物气候条件;二是能缓解周边建成区的空气污染问题和高温闷热问题。影响绿地气候调节效率的因素有多种,包括绿地率、绿地规模、不透水面积比例、粗糙度以及植被结构等。其中,绿地规模是决定性的影响因素。因此,建设大型绿地、完善城市绿化网格、合理布局城市绿地结构等都是构建城市风道的重要措施,有利于缓解建成区的热问题和污染问题。

3. 空气引导通道

空气引导通道为空气的流动提供廊道,即使是静风天气也不会对空气流通产生阻碍作用。按照运输气团和气流来源地的热学特征与空气质

① Bayerisches Landesamt für Umweltschutz. Klima und Immissionsschutz im Landschaftsplan,Planungshilfen fiir die Landschaftsplanung[EB/OL]. http://www. lfu. bayern. de/publika tionen/doc/lfuall00035jb2004/imaimmissionsschutz. pdf. [2004-12-12].

② Baumuller J, Hoffmann U, Reuter U. St? idtebauliche Klimafibel-Hinweise für die Bauleitplanung[EB/OL]. http://www. staedtebauliche-klimafibel. de. [2007-11-21].

③ Horbert M. Klimatologische Aspekte der Stadt-und Landschaftsplanung [M]. Berlin:TU Berlin Universitätsbibliothek, Abt. Publikationen,2000:79—95,177—182,295.

量,可以将空气引导通道分为通风廊道(Ventilationsbahn)、冷空气引导通道(Kaltluftbahn)以及新鲜空气通道(Frischluftbahn)三类,其中冷空气引导通道是最应该通过城市规划加以预留、保护和发展的①。冷空气引导通道的气候调节效率通常与下垫面的粗糙度、通道长度、通道宽度以及周边状态等因素相关。

在城市建成区构建空气引导通道的有效方式之一是充分利用城市公共空间,在满足居民公共活动的基础上,将城市通风功能与之融合。城市公共空间(如公园、广场、林荫道、生态廊道等)不仅没有阻碍物,通达性好,而且污染相对较低,拥有大量植被,有利于空气流动,是空气引导通道的不二之选。

1.2.2　城市风道类型与特征分析

1. 道路型风道

城市道路与人类活动联系紧密,且数量众多、等级分明,可利用良好的道路网改善城市通风环境。道路型风道是城市风道的一种重要类型。城市道路分为不同的类型和等级,各自的通风特征也不尽相同。

城市道路承载着大量的城市交通运输,是城市重要的"血管",同时也是城市空气"藏污纳垢"的主要场所。城市道路之所以可以被用来作为主要的城市风道类型,与其数量多以及自身特点有关。首先,道路作为连通城市的脉络,通常具有笔直顺畅、宽阔通达的特点,例如城市主干路和快速路通常具有几十米的路幅宽度,这为城市通风营造了良好的条件。其次,城市道路两侧的建筑对道路围合形成峡谷,根据流体力学原理,这种空间结构更容易形成空气湍流,从而促进空气的持续流动。

对于城市道路而言,粗糙单元的平均高度可以近似为铺路材料颗粒的平均高度。城市道路基本上都为沥青路面。以该材料为例,沥青混合料包含细集料、骨料、填料和沥青,其中沥青、填料和细集料主要产生抗拉应力及弯拉应力,剪应力和压应力则主要由骨料提供。在沥青混合料多

---

① Mayer H, Beckröge W, Matzarakis A. Bestimmung von stadtklimarelevanten Luftleitbahnen [J]. UVP-Report,1994,8(5):265−268.

孔隙、大粒径的发展趋势下,骨料在混合料中的作用越来越突出。研究表明,沥青路面材料的几何特征主要由骨料粒径决定,当骨料的近似容积 V 趋近于 $1.10cm^3$,圆形度 Q 趋近于 0.82 时,沥青路面的动稳定度 DS 能达到最佳,路面能发挥最佳的性能[1]。因此,当沥青路面材料几何粒径近似为 1cm 时,路面效果发挥最佳。在构建道路型风道的三维模型中,如果将道路型风道的路面材料的粗糙单元平均高度设为 1cm,根据 J. L. Monteith 的经验公式,道路型风道的粗糙度为 $0.13 \times 0.01m$,即 0.0013m。

(1)交通型道路风道

交通型道路主要包括城市中的快速路、主干路以及交通繁忙的次干路。此类型道路以快速通行的交通为主,车流量庞大、尾气污染较重,是城市中特殊的风道,用于将道路中的污染物快速排出城市,以免扩散到周边居住、商业等空间中。但另一方面,交通型道路风道虽然尾气污染较严重,但道路红线宽度较大,两侧及中间隔离带常植有灌木、乔木等行道树和绿篱,能有效阻止污染气流向四周扩散。部分快速路、主干道两侧有数十米甚至上百米的防护绿带,将绿带与道路结合能形成宽度可观的风道,利于空气的快速流动(见图 1-3)。

图 1-3　交通型道路风道示意图　　图 1-4　生活型道路风道示意图

(2)生活型道路风道

生活型道路主要包括城市中的部分次干路、支路以及城市慢行系统等。此类型道路尾气污染小,要尽量保持开敞,尽可能地串接城市的绿地

---

① 梁春雨,厉永举.粗骨料形状对沥青混合料力学性能的影响[J].中外公路,2007,27(5):199−202.

区块,最大限度地发挥其在城市中引导风流通交换的能力。在城市规划中,可将城市慢行系统与河道、公园、分隔绿带等空间相结合,设置景色撩人、尺度宜人的漫步环境,既可提高公众的生活品质,也有利于风的流通和交换(见图 1-4)。

步行街道是城市居民活动最活跃的场所,状如城市中数量庞大的"毛细血管",通达城市的每个角落,也是生活型道路风道的重要组成部分。应将连续畅通的街道体系与两侧的建筑体型、主导风向等相结合进行规划,形成利于改善街区内部通风状况的风道。两侧切忌连续密集的建筑营造模式,以免不利于街道内污染物排放和空气的交换。

2.绿地型风道

绿地型风道主要包括城市公共绿地(公园、游憩林地)、防护林带、生产绿地、交通绿地以及市内或城郊的风景区绿地等。植被绿地对受过污染的空气有过滤吸收的作用。大面积的城市绿地可形成良好的生态环境,并影响和净化周边城市建成区。而风作为载体,对受污染的大气有稀释净化功能。将城市绿地与风流通相互结合可以起到相互补偿、相互增益的效果。一方面,绿地的吸附过滤功能与风的稀释净化功能相结合,对污染空气的净化将达到双倍的效果,有利于形成清新的空气;另一方面,流动的风与绿地结合形成局地环流,能将绿地内的清新空气携带至周边空间,扩大城市绿地的影响范围,增强城市绿地对周边区域的生态效应。

图 1-5　绿地型风道示意图

在城市规划中,应充分利用道路、绿带、水系等将大面积的城市公园绿地串接,形成一定规模的、连续的绿色城市风道。在规划建设中,应尽量秉持集中布置的原则。"遍地开花""见缝插针"式的城市绿地虽然美观价值比较高,但生态效益相对较差,不利于改善城市环境。同等面积的绿地,集中布置的整体绿地效益要远高于分散布置的,更易形成"林源风"。分散式的绿地布局形式还会导致城市下垫面覆盖类型趋于均质,形成较为稳定的近地面空气层,不利于风的流通,容易造成污染物的淤积①。

绿地型风道主要由城市中的公园绿地、防护绿地、风景区绿地以及其他绿地等组成。绿地可过滤空气污染物,通过植物的蒸腾以及降温作用促进局部空气流动。将城市绿地与城市风道结合可有效改善城市空气质量以及通风环境。

对于绿地型风道而言,其作为城市风道时,下垫面粗糙度主要是由植被决定。通常来说,城市住区中主要的绿地为宅旁绿地,而宅旁绿地主要为低矮的草坪。相比于其他绿化植物而言,草坪植物的植株低矮且高度较为均衡。因此,本书将绿地型风道的表面视作由草坪构成。与此同时,在结合实际情况的条件下,为简化模型,将住宅区内部建筑群空隙表面也视为由草坪构成,其粗糙度与绿地型风道的粗糙度相同。鞠英芹通过选取阿柔站涡动相关仪测量数据对祁连县城郊下垫面中草地的空气动力学特性进行的研究发现,草地的零平面位移高度与风速存在复杂函数关系②。张雅静等人也对不同风速下植被零平面位移高度进行了研究,并得到了风速与植被的零平面位移高度之间的关系。当风速在 3m/s 左右时,植被的零平面位移高度近似等于 0.04m③。因此,如果将绿地的零平面位移高度取为 0.04m,根据 J. L. Monteith 的经验公式近似获取的绿地表面的粗糙度约为 0.13×0.04m,即 0.0052m。

3. 河道型风道

河道型风道指的主要是城市中的自然江河(见图 1-6),诸多大城市都

① 陈士凌. 适于山地城市规划的近地层风环境研究[D]. 重庆:重庆大学,2012.
② 鞠英芹. 不同下垫面类型动力学粗糙度与热力学粗糙度的研究[D]. 南京:南京信息工程大学,2012.
③ 张雅静,申向东. 植被覆盖地表空气动力学粗糙度与零平面位移高度的模拟分析[J]. 中国沙漠,2008,28(1):21-26.

是顺江发展、临水而建的,如位于长江入海口的上海、两江交汇处的武汉、钱塘江穿城而过的杭州等。河道是纯天然的风道,具有良好的生态环境效益。一方面,水体的粗糙度较低,滨水空间近地层的风速要比周边区域快,是最好的、自然的、无须特意控制的风道;另一方面,由于水体的下垫面性质易形成局地环流——河陆风,对滨水区域的风环境具有良好的改善作用,尤其是静风频率较大的区域。

图 1-6 河道型风道示意图

在城市规划中,须严格控制河道两岸的城市建设,尽量在河道两侧预留一定空间的滨河绿地,以便充分利用河道,将空气质量较好的风引入城市。一方面,垂直河道或与河道成钝角地设置绿带或道路,最大限度地引导风;另一方面,严格控制河道两侧的建筑密度和建筑高度。密集的高层排列建筑会阻断河陆风的循环路径,阻碍河风向城市内部渗透。

河道中的水体基本上可视作不可压缩液体,在低风速状态下,水体产生的波高很小[①],水体表面受风速影响可以忽略,其零平面位移高度接近于零。根据 Monteith 的经验公式近似得到的水体表面粗糙度约为 0.13 ×0m,即 0m。

1.2.3 城市风道研究的学科基础

1. 城市气候学

气候是指地球上某一地区多年的天气和大气活动的综合状态,它不

---

① 苏德慧.浅水波能谱试验研究[J].海洋学报,1996,18(1):91-98.

仅包括各种气候要素的多年平均值,而且包括其极值、变差和频率等①,它是某一特定地域的大气物理特性在一段时间内的统计平均表现。气候是一个地区自然环境和风土人文的塑造者,也决定了城市的气候环境②。城市气候是在区域背景下,经过城市化作用后,在城市这样一种特殊下垫面和人类活动的影响下而形成的局地气候③。城市气候学则是研究这种改变以及改变原因的学科。早期的气候研究主要是对建筑基地气候环境的研究,如《建筑十书》就对建筑设计中的气候问题进行了详细的阐述。建筑师 Le Corbusier 在其著作《"光辉城市"规划方案》中关注了城市建筑底层的通透采光、光线设计,而建筑师 Wright 则专门针对住宅的采光和光线进行设计。最近 10 年来,建筑气候学的设计理论与方法逐渐被应用到城市规划与设计领域。学者 Assisz 在对巴西城市贝洛奥里藏特(Belo Horizonte)的城市气候问题进行研究时首次提出了"城市气候设计"的概念,包括适应当地城市气候条件的城市土地利用方式以及建筑布局模式④。气候学家 Barry 和 Yoshino 将气候尺度分成大尺度、中尺度、小尺度、微小尺度四类⑤,不同尺度对应着不同的规划精细程度。

城市气候是在大气候或者区域气候的背景下,由于城市化建设导致城市下垫面变化以及城市人类活动的影响而形成的局地气候或小气候。根据气候学家 Barry 的研究,气候系统在尺度上可分为四个级别(见表 1-2)。城市气候主要涵盖了其中的"局地气候"和"微气候"范围。"局地气候"所对应的城市空气层是"城市边界层",指建筑物顶层向上到积云层中部的高度,是受物质和热量交换影响最明显的大气层;"微气候"所对

---

① 中国大百科全书委员会. 中国大百科全书[M]. 北京:中国大百科全书出版社,1987:133.

② 柏春. 城市气候设计——城市空间形态气候合理性实现的途径[M]. 北京:中国建筑工业出版社,2009:50-242.

③ 于文英,翟海龙,王京平. 浅谈下垫面性质对乌兰察布市气温地理分布的影响[J]. 内蒙古气象,2010(2):48,60.

④ 袁建峰,王昕. 基于城市气候学理论对山地城市设计的探讨——以十堰市东风大道沿线城市设计为例[C]. 中国城市规划学会. 规划创新:2010 中国城市规划年会论文集,2010:10.

⑤ 崔红蕾. 深圳城市环境气候区划及规划建议研究[D]. 哈尔滨:哈尔滨工业大学,2014.

应的是"城市覆盖层",指地面到建筑物屋顶的高度,是受人类活动影响最明显的大气层(见图 1-7)①。

表 1-2   Barry 的四级气候尺度

系统	水平范围/km	竖向范围/km
全球性风带气候	2000 左右	3～10
地区性大气候	500～1000	1～10
局地气候	1～10	0.01～1.00
微气候	0.1～1	0.1 左右

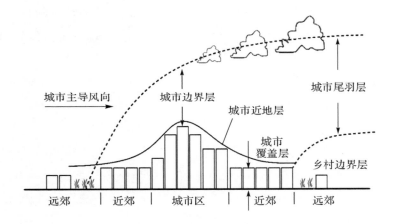

图 1-7   城市气候分层示意图

城市气候的表征特征包括风、温度、湿度、降水、雾、太阳辐射等,其中最主要的是风和气温。风是由于温度差和气压差的影响而形成的空气流动现象,主要包括大气环流和地方性风。前者主要受纬度变化、太阳辐射等大环境的影响。后者是在大气候环境的基础上受区域内地形、地貌、植被的影响。温度是表征空气冷热的物理量,常用指标包括平均气温、极端最高气温、极端最低气温等。

有研究表明,当室外风速达到 3～5m/s 时,可保证室内产生速度为

---

① 韦婷婷.基于 CFD 技术的城市气候模拟及气候适应性规划策略研究[D].长沙:中南大学,2010.

1m/s 的流动空气；当室外风速大于 1.5m/s 时，即可有效降低室内温度[①]。学术界普遍将行人高度处的风速作为风环境友好性评价的指标，通常将距地面 1.5m 高度处风速不低于 1.5m/s 作为良好风环境的评价指标，并且不应高于 5m/s[②]。

2.大气流体力学

根据流体力学的研究，影响大气运动的主要作用力包括气压梯度力、地心引力、惯性离心力、重力、地转偏向力以及摩擦力等，而城市规划建设的影响主要涉及其中的气压梯度力和地面摩擦力。气压梯度力通常由气压高处流向气压低处，主要包括垂直气压梯度力和水平气压梯度力。在垂直方向上，向上的气压梯度力与向下的重力达到准静力平衡状态。垂直方向上的气压梯度力虽然大，但运动不明显，而水平方向上的气压梯度力虽然小但运动明显，城市大气运动主要是准水平运动。城市核心区受热岛效应的影响，大气受热膨胀向上抬升形成近地面低气压区，周边气温较低地带的(高气压区)冷空气流过来补充，形成大气的水平运动，如此不断循环的过程即城市热力环流(见图 1-8)。通常情况下，高温区为低压，而低温区为高压，这就为低温补偿空间的大气流向高温的作用空间提供了理论依据。在城市层面，大气运动过程中受到的地面摩擦力主要来自于地面覆盖的建筑物，建筑物的密集程度、建筑物的高度、建筑物的体积等都会影响城市大气的流动。

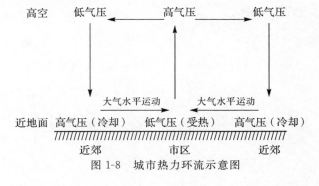

图 1-8　城市热力环流示意图

①　香港中文大学.都市气候图及风环境评价标准——可行性研究(最终报告)[R].香港:香港特别行政区规划署,2013.
②　GB/T 50378－2006,绿色建筑评价标准[S].2006.

3. 生物气候学

生物气候学是气候学和生态学的边缘交叉学科,主要研究大气环境对生物的生存和发展的影响。在城市环境中,气候环境对人体健康的影响主要通过人体舒适度来表达。人体会通过各种产热和散热方式来维持自身的热平衡状态(见图 1-9)。当处于受太阳直射的空间环境中时,人体因吸热过多而导致身体不适,若有清风拂过,则可带走人体过剩的热能,缓解身体的不适感。一般而言,对人

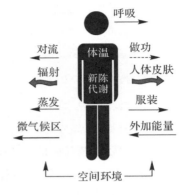

图 1-9　人体热平衡状态

体舒适度影响最大的三个因素分别为气温、风速以及相对湿度。有研究表明,人体舒适度指数公式为[①]

$$\text{SSD} = \frac{(1.818t + 18.18)(0.88 + 0.002f) + (t - 32)}{(45 - t) - 3.2v + 18.2} \qquad (1-1)$$

式中:SSD 为人体舒适度指数;t 为平均气温;v 为风速;f 为相对湿度。

可见,城市风环境和热环境都会对人体的舒适度指数产生影响,良好的城市通风环境为人类的生存和健康提供了有力保障。

4. 城市规划学

城市规划是为了实现一定时期内城市经济和社会发展目标,根据城市地形地貌条件、经济基础、人文历史等客观条件确定城市的发展规模、发展性质以及发展方向,并对城市的空间布局、土地利用以及各项基础设施建设进行战略性的综合部署和安排。城市规划为城市的开发建设提供蓝图,影响了城市下垫面状态的改变,从而进一步影响城市的气候情况。

城市的规模、用地构成、空间结构、建设密度、路网结构以及空间肌理等要素都与城市气候的形成密不可分。具体而言:

(1)城市平面形态通常决定城市建成区与周边自然环境的契合程度,

---

① 苏彦人,周羽. 襄阳市旅游气候舒适分析[J]. 旅游纵览(下半月),2014(9):251—253.

合理的契合有助于规避不利的城市气候。

（2）城市纵向形态通常形成城市建筑的高度变化特征和空间封闭程度，合理的纵向形态便于近郊冷空气的输入和引导，提高城市的通风效率。

（3）城市粗糙度通常以单位面积上的建筑体积表示，城市粗糙度与城市的风速呈对数相关关系，粗糙度越高则城市风速越低。

（4）城市用地性质可通过实体的建筑形态表征，从而影响城市散热和通风。例如核心商业区的高密度大体量建筑的通风率肯定远远比不上绿地率高的开敞低密度区。

城市风道的规划与城市总体规划密切相关，应该在城市总体规划阶段就考虑整个城市的通风状况，通过研究分析寻找出最有利的迎风口，选择自然河道、湖泊、绿地等自然要素，以及红线宽度大且绿化效果好的道路，配以合理的开发强度和空间形态，形成利于引风入城的城市风道。

5. 地理空间数据同化技术

数据同化是指将不同来源、分辨率、采集方式的数据集成为具有时空一致性和物理一致性的数据的过程。多源、多分辨率空间数据的融合、集成和尺度变换是当前数值模拟领域的研究热点问题，但相对来说缺乏系统的方法论的支撑。该研究领域主要关注以下问题：如何集成来自于不同观测系统的数据；如何集成直接观测和间接观测的数据；如何集成观测数据和模型模拟结果；如何在融合多源数据的同时，解决数据分辨率不一致的问题[①]。目前，欧美国家和中国都建立了自己的陆面数据同化系统，其中，中国西部陆面数据同化系统主要包括六个组成部分（见图 1-10）。

数据同化技术主要解决了时空分辨率不一致、数据采集方式不一致的多源空间数据的集成问题。不同类型的城市风道的形成条件不同，因此，获取不同类型风道的三维模拟边界条件的判定规则也不同。例如，城市道路型风道的风场影响要素主要有路幅宽度、路面材料、墙面材料、两

---

① 李新,黄春林.数据同化——一种集成多源地理空间数据的新思路[J].科技导报,
　2004,22(12):13—16.

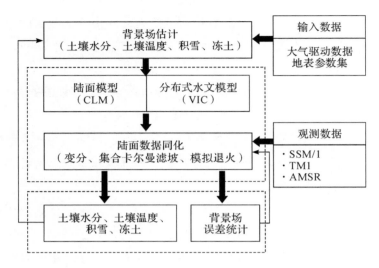

图 1-10   中国西部陆面数据同化系统框架

侧建筑高度、道路绿化面积及高度等,城市绿地型风道的风场影响要素主要是绿地宽度、植物高度、植物种类等。对不同类型城市风道数据进行同化后可以获取统一的空间和时间属性,同时还可以兼容自然地物、三维城市空间建筑材料等表征风道通风能力的热物理属性。因此,数据同化技术可以为后续的量化模拟与指标参数化提供有力的技术支撑,简化数值模拟的过程,提高三维模拟与指标参数化的工作效果。

多源空间数据同化的本质是将各种数学模型和数据源有效地结合起来,最终使新的数据能够更加准确地表达客观实体[①]。空间数据的多源性主要体现在数据的采集方式及数据管理系统方面,这也决定了空间数据格式的多元化。地理空间数据同化技术涉及知识与规则的获取、表达和管理,这就决定了对参与同化的各种数据源质量的评价、取舍、分析和应用;它还需要基于相似度量模型的实体变量信息进行提取,以实现同名实体之间的匹配与差异性识别;它还涉及几何信息同化,包括不同空间基准和数学基础的转化与统一、多源数据之间的比较和分析,也包

① 安晓亚,孙群,张小朋,等. 多源地理空间数据同化的主动更新与应用分析[J]. 地球信息科学学报,2010,12(4):541-548.

括地理空间数据属性信息的同化,涉及属性信息的分类与统一、比较与分析,以及属性信息的补充、修改和赋值;最后是对空间关系进行一致性处理①。多元空间数据同化技术为三维空间建模提供支撑,且更多的是运用在宏观尺度空间的数据集成方面。在模型构建的过程中,我们首先要解决不同来源的空间数据在尺寸、比例尺、坐标系以及数据格式方面的差异。

遥感技术是研究如何利用航空航天、雷达等手段获取地理空间信息的技术系统。而地理信息系统(GIS)是对地理信息的采集、分析、储存等综合性的学科与技术系统。遥感、GIS 为地理空间数据同化提供了空间量化计算的技术基础。

6. CFD 数值仿真模拟技术

计算流体动力学(CFD)数值仿真模拟技术的理论基础包括湍流模型、质量守恒方程、动量守恒方程、能量守恒方程以及有限容积法的控制方程。

(1)湍流模型

CFD 技术在流场分析方面应用广泛,而现实环境中的绝大多数流动均属于湍流,如大气与海洋的流动、飞机与轮船的绕流、高速管流、叶轮机械以及反应器中的流体运动等。湍流运动的核心特征是其在物理上近乎无穷多的尺度以及数学上的强烈非线性,这使得人们无论是通过理论分析、实验研究,还是计算机模拟来彻底认识湍流都非常困难②。CFD 数值仿真技术对于流场分析的关键在于选择合适的湍流模型以及参数,常见的湍流模型有单方程 S-A 模型、双方程 k-ε 模型、五方程雷诺应力模型(RSM)、大涡模拟模型(LES)等,每种模型均有其特点及适用性(见表 1-3)。

---

① 安晓亚,孙群,肖强,等.面向地理空间数据更新的数据同化[J].测绘科学技术学报,2010,27(2):153—156.
② 朱红钧.FLUENT 15.0 流场分析实战指南[M].北京:人民邮电出版社,2015:108—114.

表 1-3 常见湍流模型及其适用性

模型	特点及适用性
S-A 模型	大网格低成本湍流模型,适用于模拟中等复杂的内流和外流以及压力梯度下的边界层流动
k-ε 模型（标准）	优缺点明确,适用于初始迭代、设计选型和参数研究
k-ε 模型（重整化）	适用于涉及快速应变、中等涡、局部转捩的复杂剪切流动
k-ε 模型（可实现）	计算精度高于重整化 k-ε 模型
RSM 模型	基于雷诺平均的湍流模型,避免各向同性涡黏性假设,需要较多的 CPU 时间和内存消耗,适用于模拟强漩湍流等复杂三维流动
LES 模型	适用于模拟瞬态的大尺度涡
V2F 模型	模拟近壁面边界层、自由剪切和低雷诺系数流动时性能较好,结合了壁面湍流各向异性和非局部压力应变效应
分离涡模型	改善了 LES 模型的近壁处理,比 LES 模型更实用

（2）质量守恒方程

质量守恒方程也称为连续性方程,用来表征流体在流场中运动时遵循质量守恒的规律。当流量不变时,流速和控制体截面积成反比,单位时间内流出控制体的流体静质量总和应等于同时间间隔控制体内因密度变化而减少的质量。流体流动连续性方程的微分表达为

$$\frac{\partial \rho}{\partial t} + \frac{\partial(\rho u_x)}{\partial x} + \frac{\partial(\rho u_y)}{\partial y} + \frac{\partial(\rho x u_z)}{\partial z} = 0 \tag{1-2}$$

式中：u_x、u_y、u_z 分别为速度矢量 $\boldsymbol{u}$ 在 x、y、z 三个方向的速度分量,单位为 m/s；t 为时间,单位为 s；ρ 为密度,单位为 kg/m³。

（3）动量守恒方程

动量方程的本质是满足牛顿第二定律,即对于一特定的流动微元体,其动量对时间的变化率等于外界作用在该微元体上的各种力之和。依据这一规律,可导出 x、y、z 三个方向的动量方程为

$$\partial(\rho u_x) + \nabla \cdot (\rho u_x \boldsymbol{u}) = \frac{\partial p}{\partial x} + \frac{\partial \tau_{xx}}{\partial x} + \frac{\partial \tau_{yx}}{\partial y} + \frac{\partial \tau_{zx}}{\partial z} + \rho f_x \tag{1-3}$$

$$\partial(\rho u_y) + \nabla \cdot (\rho u_y \boldsymbol{u}) = \frac{\partial p}{\partial y} + \frac{\partial \tau_{xy}}{\partial x} + \frac{\partial \tau_{yy}}{\partial y} + \frac{\partial \tau_{zy}}{\partial z} + \rho f_y \tag{1-4}$$

$$\partial(\rho u_z) + \nabla \cdot (\rho u_z \boldsymbol{u}) = \frac{\partial p}{\partial z} + \frac{\partial \tau_{xz}}{\partial x} + \frac{\partial \tau_{yz}}{\partial y} + \frac{\partial \tau_{zz}}{\partial z} + \rho f_z \qquad (1\text{-}5)$$

式中：ρ 为密度，单位为 kg/m²；$\boldsymbol{u}$ 为速度矢量；u_x、u_y、u_z 分别为速度矢量 $\boldsymbol{u}$ 在 x、y、z 三个方向的分量，m/s；p 为流体微元体上的压强，单位为 Pa；τ_{xx}、τ_{yy}、τ_{zz} 等是因分子黏性作用而产生的作用在微元表面上的黏性应力 τ 的分量，单位为 Pa；f_x、f_y、f_z 为三个方向的单位质量力，单位为 m/s²。

（4）能量守恒方程

能量守恒方程是能量守恒定律的表达。能量守恒定律是指在一个独立系统内，总能量维持不变，只能进行转化或转移，无法凭空产生或消失。在流体问题中，能量守恒定律可以表述为：微元体内热力学能的增加率是体积力与表面力对微元体所做的功与进入微元体净热流量的和。

根据能量守恒定律可以得到能量守恒方程

$$\rho \frac{\partial y}{\partial t} \left(\frac{1}{2} \rho u^2 \right) = -\boldsymbol{u} \cdot \nabla \rho - \boldsymbol{u} \cdot (\nabla \cdot \boldsymbol{\tau}) \qquad (1\text{-}6)$$

式中：ρ 为密度，单位为 kg/m³；t 为时间，单位为 s；$\boldsymbol{u}$ 为速度矢量，单位为 m/s；τ 为黏性应力矢量。

（5）有限容积法的控制方程

有限容积法的基本思路是将计算域划分成一系列不重复的控制体，每一个控制体都对应一个节点，进而对控制体在时间间隔内对空间与时间积分，来导出离散方程。有限容积法的优点是物理含义清晰，离散方程具有守恒性，因此被广泛应用。其控制方程为

$$\frac{\partial(\rho\varphi)}{\partial t} + \mathrm{div}(\rho\varphi\vec{u}) = \mathrm{div}(\varGamma \cdot \mathrm{grad}\varphi) + S \qquad (1\text{-}7)$$

式中：φ 为通用变量，可以代表 u、v、w、T 等变量；$\varGamma$ 为广义扩散系数；S 为广义源项。

目前国外常用的商用 CFD 软件包有 PHOENICS、ANASY CFX、ANASY FLUENT 等。

1.3 国内外城市风道研究动态

对国内外有关城市风道方面的研究进行整理综述，有助于掌握城市风道的前沿动态，为后续研究提供思路和借鉴。

1.3.1　国外城市风道研究进展

国外早在古罗马时期就对建筑的自然通风问题有所研究,维特鲁威(Vitruvius)在他的著作《建筑十书》中对建筑设计中的自然通风问题以及解决这些问题的手法有详细的阐述①。19世纪末诞生了第一份关于城市气候的调查,Benedik Pater 和 Albert Kratze 在《城市气候》一书中集中探讨了城市气候与乡村气候的差异性②。国外关于城市规划和建设中的通风问题的研究主要分为三个阶段。

1. 起始阶段(20世纪50—70年代)

(1)确定气候分析基本原则

在这个阶段,学者们开始关注如何使城市气候研究能够引导城市规划,如何使以规划为导向的气象数据能够得以直观展示,主要围绕关键气象参数的选取以及客观地分析评估两个方面展开。许多学者针对气象参数的选取展开研究,如 Böer③、Cehak 和 Schwarz④ 分别采用表格形式罗列了建筑、规划、建设与使用等每个阶段可能需要的气象参数。而针对气象数据的评估方法则缺乏客观性,大多依据主观感受进行评价,通常简单划分为从很差到很好的5或6个等级。如 Eriksen 在1964年的现状城市气候评价中,选取了温度、湿度、空气、风、辐射状况五个气象要素,划分为很差、差、中等、好、很好六个大类,并在评估的基础上针对新建居住区的选址、气候敏感功能的选址、重度污染工业的选址、滨河港湾区的开发利用以及老城的更新策略等提出规划建议⑤。因此,关于气象要素的选取和

---

① 维特鲁威.建筑十书[M].高履泰,译.北京:知识产权出版社,2001.
② 唐燕,周桐,张昊天,等.德国气候地图的绘制和使用——多尺度的气候变化应对[J].住区,2015(1):18—27.
③ Böer W. Technische Meteorologie [M]. Leipzig: Teubner Verlagsgesellschft, 1964.
④ Cehak K. Schwarz L S. Anforderungen an Klimadatenbücher[R]. Wien: Bericht des Ständigen Aussehusses Stadt-und Bauklimatologie beim Internationalen Verband für Wohnungewesen, Städtebau und Raumordnung,1979.
⑤ Eriksen W. Probleme der Stadt- und Geländeklimatologie [M]. Darmstadt: Wissenschaftliche Buchgesellschaft,1975:79.

评价虽然在概念上已经清晰明了,但在实践操作中仍有失偏颇。这个问题直到通过 Leser 和 Kress 两位学者的研究才得以解决。Leser 在平面图上利用图例和边界线描绘了各类气象因素的分布状况,从而制作完成了对城市规划具有引导作用的气候调查图①。Kress 等人以法兰克福陶努斯港区以及鲁尔区为例研究了城市气候现状的评价方法,并指出城市气候研究无论在综合规划层面还是专业规划层面都存在引导的可能性②。至此,城市气候分析基本原则得以基本确定。

(2)提出城市环境气候图概念

在这个阶段,学者们还提出了城市环境气候图的概念雏形。德国是这方面的先驱,是世界上其他国家城市环境气候图绘制的参照样本。早在 20 世纪 50 年代初,德国学者 Knoch 教授在对德国黑森和巴伐利亚州研究的基础上,首次提出了城市环境气候图的概念雏形,即绘制不同尺度的、以规划应用为导向的气候图③,从此拉开了城市环境气候图绘制发展的序幕。20 世纪 60 年代末,德国各个城市开始广泛接受城市环境气候图的分析思路和绘制方法,城市环境气候图逐渐成为城市规划、城市气候调查以及气候变化措施过程中必不可少的步骤。20 世纪 70 年代,联邦德国一直致力于强化地理科学的图示化研究,并开展以城市规划为导向的地图学研究。斯图加特为了缓解弱风环境下的城市气候污染问题,将气候学知识应用于实际的土地利用规划和环境规划中,成为首个正式开展城市环境气候研究与应用的城市④。

城市环境气候图包括城市环境分析图和城市气候规划建议图,是在

---

① Leser H. Physiogeographische Untersuchungen als Planungsgrundlage für die Gemarkung Esslingen am Neckar[J]. Geographische Rundschau, 1973, 25(8): 308—318.

② Kress R. Regionale Luftaustauschprozesse und ihre Bedeutung für die räumliche Planung[M]. Dortmund: Institut für Umweltschutz der Universität Dortmund, 1979: 154—168.

③ Knoch K. Uber des Weseneiner Landesklimaaufnahme[J]. Meteorol, 1951, 5(s): 173.

④ Baumüller J, Reuter U. Demands and Requirements on a ClimateAtlas for Urban Planning and Design[R]. Design, Stuttgart: Office of Environmental Proteetion, 1999.

综合各类气象要素、地形地貌数据以及城市规划要素的基础上整理出来的。其中城市环境分析图由气候学家和地理学家共同完成,主要是将各类气象要素和评估信息直观地表达在地图上;而城市气候规划建议图则需气候学家、地理学家以及规划师合作完成,主要是在气候评估和分析的基础上,将其转化为建筑师和规划师都能读懂的语言,风速、风向分布以及通风廊道都能被直观地图化表现,有利于对规划工作的引导。

2.发展阶段(20世纪80年代—90年代初)

(1)确定城市规划中气候要素的整合步骤

1979年,R. Kress等人在当时的城市规划法律和气候学研究成果的基础上,提出了整合城市规划与空气卫生要求的构想,引起了学界对城市规划中整合气候要素的关注和探讨。1987年,建筑师乔安娜·施玛茨提出了在建筑和城市规划中整合气候因素的可能性,并确定了在城市规划中整合气候要素的步骤:1)选取对城市规划具有重要影响的气候要素;2)通过气象局或者观测站等获取该气象要素的数值;3)评估城市气候环境现状;4)确定可能影响城市建设的气候要素;5)获得城市建设对气候要素产生的具体影响;6)再评估未来的城市气候环境状况;7)改变能改变的城市建设要素。该构想确定了评估—规划—检测—改进的顺序,对以规划为导向的城市气候环境的发展具有重要意义。

(2)城市环境气候图在城市建设中的作用日渐提升

二战后,鲁尔工业区是德国经济复苏的发动机,是当时全球重要的制造业基地,也是德国空气污染的重灾区,雾霾天气严重到"伸手不见五指"。20世纪80年代,为了缓解工业区的空气污染问题,鲁尔区超过25个城市参加了当地政府提出的空气质量分级改善方案,利用城市气候分析图,按照不同的气候特性和功能划分出不同的空气质量区域,有区别地实施空气清洁和管理工作①。这是首个将城市环境气候图运用于城市规划研究的项目,随后各种将城市气候与城市规划建设相结合的研究如雨后春笋般冒出,城市环境气候图对城市建设的作用也日渐提升。例如

----

① Kommunalverband Ruhrgebiet (KVR). Synthetische Klimafunktionskarte[R]. Essen, Ruhrgebiet, 1980.

1980 年,斯图加特的土地利用规划根据气候功能图及规划建议对建设用地进行了削减和限制的改动①。1987 年,Albreehtv Stülpnagel 根据柏林气候功能图,建议柏林西区的土地应依据气候环境受建设开发程度的影响划分为 5 个等级,便于闷热天气高发区和鲜发区的识别②。1997 年,德国为了更规范地指导国内城市环境气候的分析与研究,专门制定了有关指导方针《VDI3787》和评估标准,统一绘制了城市环境气候图所需的图例和标识,对风环境的评估、地方空气质量的监测以及城市风道的设置等方面也给出了指导性意见。此后,斯图加特利用地理信息系统(GIS)开展了以气候问题为中心的"斯图加特 21"项目,进一步完善城市环境气候图系统,制作多种适于不同尺度的城市环境气候图集,全面拓展斯图加特在 21 世纪的可持续发展计划。许多欧洲国家在德国的影响下也相继开展了城市环境气候图的研究。

(3)发展仿真数值模拟模型

从 20 世纪 70 年代开始,国外就开始研究仿真数值模拟,相关气候数据的梳理和量化评价模型也得以发展。1986 年,德国气象局就已经研究出能清晰模拟并呈现土地利用变化给城市气候环境带来的影响,有助于气象数据的整理分析和城市规划的决策。20 世纪 80 年代中期,学者们不仅研究大尺度的城市气候模型,也逐渐开始研究小尺度的建筑气候模型,以数值模型模拟建筑物表面的风压和周边风环境。到 20 世纪 90 年代初,不同风向下建筑表面的风荷载模拟模型也初见端倪。例如 Ping 等就曾深入探讨过建筑物四周的气流情况对居住小区空气环境的影响③;Assimakopoulos 等利用小尺度的 CFD 模型研究了两幢独立建筑之间的

---

① Fiebig K, Hinzen A, Ohligschläger G. Lufteinhaltung in den Städten-Rahmenbedingungen und Elemente einer kommunalen Lufteinllalteplanung[M]. Berlin: Deutsches Institut für Urbanistik, 1990:12.

② Von Stülpnagel A. Klimatische Veränderungen in Ballungsgebieten unter besonderer Berücksichtigung der Ausgleichswirkung von Grünflächen. Dargestellt am Beispiel von Berlin(west)[D]. Berlin: TU Berlin,1987.

③ Ping H, et al. Numerical simulatin of air flow in a urban area with regularly alinged blocks[J]. Journal of Wind Engineering and Aerodynamics,1997,67:281—291.

大气污染物的分布情况①。随着计算机技术的发展和数值模拟的不断完善,数值模拟模型将会越来越普遍。

3. 成熟阶段(20 世纪 90 年代后期至今)

(1)以规划为导向的城市气候分析在世界范围内大规模兴起

在以规划为导向的城市气候分析方面走在世界前列的德国从 20 世纪 90 年代起,研究范围逐渐扩大,研究成果日益优化,应用程度不断深化。一方面,具备研究基础或已绘制城市环境气候图的城市(如鲁尔工业区的大城市斯图加特等)更新再版气候功能图,研究基础薄弱或未绘制过城市环境气候图的城市(如魏玛、德累斯顿等)开始重视研究并编制气候功能图;另一方面,城市气候环境分析成果在城市规划中的应用范围日渐扩大,在用地结构、可建设用地范围、土地使用方式及开发强度等内容的决策中所起的作用越来越大。例如,亚琛通过城市气候环境的分析在土地利用规划中确定两条城市通风廊道,明确通风廊道两侧的建筑边界,并在通风廊道内采取保护措施禁止城市开发建设②。斯图加特利用流体力学原理和计算机模型模拟了山区冷空气的流动状况并确定了冷空气流动的通风廊道。当地政府根据此研究成果颁布了《山坡地带规划框架指引》,在城市建成区和周边郊区建立起通风廊道以保证空气的有效流动③。

在全球变暖气温上升的背景下,世界上其他国家也纷纷加入城市气候环境研究的队列。欧洲因受到 2003 年和 2006 年数万人死于高温热浪事件的影响,许多国家也意识到城市风道的重要性,在城市气候环境研究的框架上强化其对城市空间规划的作用。日本早在 20 世纪 90 年代就开展了城市气候环境与城市规划应用的研究。第一期主要偏重于城市热环

---

① Assimakopoulos V D, Apsimon H M, Moussiopoulos N. A numerical study of atmospheric pollutant dispersion in different two-dimensional street canyon configurations[J]. Atmospheric Evironment,2003,37:4037—4049.

② Fenn C. Die Bedeutung der Hanglagen für das Stadtklima in Sturtgart unter beconderer Berücksichtigung der Hangbebauung[D]. Freising:Fachhochschule Weihenstephan,2007:137.

③ Baumüller J,Hoffmann U,Stuckenbrock U. Urban Framework Planhillsides of Stuttgartl[C].//JAUC. Proceedings of Seventh International Conference on Urban Climate. Toyko:Tokyo Institute of Technology,2009.

境的评估研究；2000 年着手研究的第二期则侧重于城市风环境的评估，提倡利用"水、风、绿"来缓解城市热岛效应①。日本 2002 年公布了第一批以规划为导向的城市环境气候图，2005 年公布了东京 23 区的热环境图及相关的气候控制条例②，2007 年编制了东京湾内八个主要都县的《"风之道"研究》，2008 年针对《"风之道"研究》为海滨城市的建设管理推荐了三种风道形式，分别为利用街道河道引海风、利用建筑的高差引海风以及利用高层建筑背面的下沉风。此外，南美洲的部分地区和国家也逐渐引用和发展城市气候环境分析研究，为城市规划的弹性和可持续性提供依据。

（2）城市气候环境的专门化研究为气候与城市规划的结合创造条件

随着城市气候环境研究的大规模兴起，负责城市气候研究的部门也随之专门化和精细化。大概有三种机构专门负责城市气候环境现状的研究与预测：1）环境保护局下属的城市气候环境研究机构，该机构能通过相关气候研究分析绘制城市环境气候图，为城市建设规划与区域规划提供指导意见，直接参与规划管理；2）高校的气象学研究所，此类研究所主要为应用气象学或者景观生态学专业的学生或老师针对城市气候展开探索性、前瞻性的研究；3）专门从事城市气候环境分析的公司，这类公司或者工作室主要以盈利为目的，工作熟练但也流程化，如 GEO-NET 环境咨询有限公司就曾为柏林、汉诺威、特里尔等城市编制过城市环境气候图。

1.3.2　国内城市风道研究与实践

国内关于自然通风问题的研究最早可追溯到古代择居的风水学，其中所提到的一些规范和原则直接反映了当时人们在选址建设过程中对风的考虑和利用。如"回风反气"是对局部恶劣风环境的预防和改善，"藏风聚气"是对建筑选址中通风和防风的考虑。而我国对城市风道的研究则起步较晚，且主要集中在近三十年，可分为萌芽阶段和发展与实践应用阶段。

1. 萌芽阶段（20 世纪 80 年代初—20 世纪末）

我国气象学家在 20 世纪 80 年代初提出"将新鲜空气引入城市"的思

---

① 日本建筑学会. 都市风环境评价体系［M］. 东京：日本建筑学会，2002.
② 任超，吴恩融，Katzschner Lutz，等. 城市环境气候图的发展及其应用现状［J］. 应用气象学报，2012，23（5）：593－603.

想。1982年，中国地理学会召开城市气候学术会议，提出将城市绿地系统作为改善城市气候条件的主要手段。许多学者就此开展了研究。例如周淑贞从城市设计的角度提出，街道宽度和走向的设计要利于通风，临湖或近海地区的通风口两侧不宜布置高大密集的建筑物，要注意"海陆风"和"湖陆风"的主要通风方向。合肥在城市规划中提出要在低洼地区留出楔形绿化空间，以便于将巢湖的新鲜空气引入城市中。相关法规、标准的出台也为在城市规划中关注气候要素赋予了合法性。1989年出台的《中华人民共和国环境保护法》将"大气"作为影响人类生存和社会发展的重要因素。《中华人民共和国环境影响评价法》和《规划环境影响评价技术导则》的颁布则将规划方案的环境影响评价（以下简称"环评"）作为部分规划项目的必要步骤，初步确立了规划环评制度。这一阶段我国关于城市气候对城市规划影响的研究主要在气象学领域，相关研究在城市规划领域并未展开，也难以对规划设计起到充分的引导和控制作用。

2. 发展与实践应用阶段（21世纪初至今）

2000年以来，随着城市大气环境污染和城市热岛效应日趋严重以及生态建设和节能思想深入人心，城市风道的研究才真正成为备受关注的领域。香港是国内此领域研究的先驱者。2003年，香港全城清洁策划小组发表了《香港环境卫生改善措施》，首次提出将城市空气流通作为城市规划的考虑因素之一。2005年，政府司司长办公室出台了《香港首个可持续发展战略》，着重关注城市内部空气不流通的问题，并委托香港中文大学的研究团队针对香港高密度的城市环境展开《空气流通评估可行性研究》，评估香港现状的通风环境，并提出建设性的改善措施[①]。随后，香港中文大学研究团队又研究发表了《都市气候图及风环境评估标准——可行性研究》，收集大量气象数据，全面摸清香港城市风环境现状并开展现场实测、风洞试验及计算机模型模拟研究等，历时6年绘制了香港城市环境气候图，并建立了可供规划应用的气候评估数据平台，为香港各规划分区的城市风道建设做出策略性指引[②]。

---

① 香港中文大学建筑学院. 空气流通评估方法可行性研究[R]. 2005.
② 香港中文大学建筑学院. 都市气候图及风环境评估标准——可行性研究[R]. 2012.

在中国内地有关城市风道的研究也逐渐受到关注,并在部分大型城市的规划中得以实施。一方面,部分城市规划工作者基于定性的角度对城市风道规划建设的意义进行了探讨。例如:佟华等研究了楔形绿地系统对缓解城市热岛的作用[①];王新军等从缓解上海城市热岛效应的角度出发,全面论述构建城市风道的必要性[②];朱亚斓等则提出从城市外部空间形态、边缘空间结构以及总体规模等方面构建城市风道[③]。另一方面,部分城市热岛效应严重或饱受雾霾困苦的大城市也相继展开针对城市风道的建设与研究(见表1-4)。例如:上海在徐匡迪院士的指点下,在浦东规划建设了一条东南—西北方向的 50 米宽的世纪大道,留出了"风道走廊",让风能通透穿过;武汉在华中科技大学的参与下主要在城市内外广泛布绿,其中有六条生态绿色走廊,构成了六条"风道",最窄两三千米,最宽十几千米,模拟结果显示,这些风道可使武汉夏季最高温度平均下降 1～2℃;长沙市于 2010 年出台了《长沙市城市通风规划技术指南》,分别从"城市通风总体规划""商业区通风规划""居住区通风规划""工业区通风规划"四个层面提出规划设计的技术措施;杭州市于 2013 年年底正式立项研究城市风道,希望运用计算机模拟技术模拟出城市风道,以缓解杭州的热岛效应和雾霾污染。

表 1-4 中国开展城市风道规划应用研究的城市

城市	研究年份	项目名称	实施单位与研究机构
香港	2003—2005	空气流通评估可行性研究	实施单位:香港特别行政区政府规划署 研究团队:香港中文大学
	2006—2012	都市气候图及风环境评估标准——可行性研究	实施单位:香港特别行政区政府规划署 研究团队:香港中文大学

---

① 佟华,刘辉志,李延明,等.北京夏季城市热岛现状及楔形绿地规划对缓解城市热岛的作用[J].应用气象学报,2005,16(3):357—366.

② 王新军,敬东,张凤娥.上海城市热岛效应与绿地系统建设研究[J].华中建筑,2008,26(12):113—117.

③ 朱亚斓,余莉莉,丁绍刚.城市通风道在改善城市环境中的运用[J].城市发展研究,2008,15(1):46—49.

续表

城市	研究年份	项目名称	实施单位与研究机构
武汉	2005	城市建筑规划布局与气候关系研究	实施单位:武汉市国土资源和规划局 研究团队:香港中文大学、武汉市土地利用和城市空间规划研究中心
	2009	2012—2020武汉市总体规划	武汉市规划局
	2012—2013	武汉市城市风道规划管理研究	实施单位:武汉市国土资源和规划局 研究团队:香港中文大学、武汉大学和武汉市国土资源和规划信息中心
北京	2007	《北京十一个新城规划(2005—2020)·顺义区》	实施单位:北京市规划委员会
	2013	长兴店生态城项目(项目)	实施单位:北京市规划委员会
	2014	北京环境总体规划(2015—2030)	研究单位:北京市环境保护局
长沙	2010	长沙市城市通风规划技术指南	长沙市规划管理局、长沙大河西先导区管理委员会、长沙市建设委员会、深圳市建筑科学研究有限公司、清华大学建筑学院
	2010	湖南省软科学研究重点项目"夏热冬冷地区城市自然通风廊道营造模式研究——以长沙为例"	研究团队:湖南大学
廊坊	2011	基于廊坊市城市风环境的城市规划研究	研究团队:北华航天工业学院
西安	2013	西安市域生态隔离体系规划	实施单位:西安市规划局 研究团队:西安城市规划设计研究院
杭州	2013	城市通风廊道规划研究	杭州市规划局、市环保局、杭州市环境气象中心、浙江省气候中心
福州	2014	"生态福州"总体规划	研究团队:福州市城乡规划局
沈阳	2014	沈阳城市结构性绿地控制规划	实施单位:沈阳市规划和国土资源局 研究团队:沈阳市规划设计研究院
郑州	2014	郑州航空港经济综合实验区发展规划(2013—2025年)	郑州市规划局

续表

城市	研究年份	项目名称	实施单位与研究机构
南京	2014	南京市大气污染防治行动计划	南京市政府环保局
	2014	南京市生态文明建设规划（2013—2020）	南京市规划局
济南	2015	济南市大气污染成因分析及防治对策汇报	济南市环保局

注：本表部分引自文献①，部分自制。

综上所述，国内已有部分城市进行了城市风道建设的探索，但主要是通过对城市空间布局的合理性分析及对建筑关系的处理，在总体规划层面上以理论分析、定性为主确定城市风道总体布局方案。目前为止，我国城市风道规划理论与方法尚处于不够系统、不够全面、缺乏科学化的定量研究的状态，有待进一步探索和研究。

1.4　研究方法及内容框架

1.4.1　研究方法

1. 定性研究

城市尺度风道的定性构建主要建立在城市通风理论和影响因素分析研究的基础之上。首先，对所研究的城市及其周边环境现状进行分析，依据林地、绿地、城市地形、水陆特征等因素确定所研究的城市冷空气（风）的主要来源，并预测风可能出现的风速和风向②。其次，依据已确定的冷空气来源和城市主导风向，并结合城市的绿地系统、开敞空间以及路网布局等影响因素，定性分析和构建城市风道。最后，通过控制城市建设用地以及城市风道内部指标等来提高城市的通风效率。

---

① 任超，袁超，何正军，等. 城市通风廊道研究及其规划应用[J]. 城市规划学刊，2014（3）：52—60.

② 梁颢严，李晓晖，肖荣波. 城市通风廊道规划与控制方法研究以《广州市白云新城北部延伸区控制性详细规划》为例[J]. 风景园林，2014（5）：92—96.

2.定量研究

关于城市通风环境的定量研究方法主要包括以下三种：

(1)实地测量,借助各种测量仪器进行现场实测从而获得城市风环境观测资料。该方法易受到监测手段、人力、财力等的限制,适用于小规模的街区、小区研究。

(2)风洞试验,按照运动相对性原理和流动相似性原理重现近地面边界层,对需要研究的城市及其环境进行建模,以获得城市及其周边风环境的规律和特征。该方法使得建筑风场的精确模拟成为可能,但无法参照统一的规律,且耗资多、试验周期长。

(3)计算机数值模拟,即利用计算机对单体建筑、群体建筑或城市周边风场进行模拟,形成易于读取的直观风场分布图,称之为计算流体动力学(computational fluid dynamics，CFD)。随着计算机技术的发展,该方法不受客观条件限制且再现性强。

在以上三种方式中,目前使用最广泛的方法是CFD数值模拟法。其模拟城市风环境的常规步骤为:建立所研究区域的三维数学模型,设定数值模拟所需求的边界条件和相关参数,数值模拟求解,模拟结果可视化。据此可以获取单体建筑、群体建筑、居住区、商业街区、城市中心区甚至整个城市周边的风环境,包括风速分布场、风向分布场、温度分布场等模拟结果。城市风道定量构建是在CFD风环境模拟的基础上,结合风速分布图、风向分布图、温度场分布图以及实际城市环境特征,构建城市风道。

3.研究方法对比分析

定性分析需要收集关于城市风环境和建设环境的翔实资料,构建方法总体上偏简化且缺乏“定量化”“科学化”的研究,其分析成果对城市风道划定具有一定的指导作用,适用于城市热岛效应和空气污染较轻或风道构建不迫切的城市。

CFD强大的模拟、数据处理和可视化能力,使其广泛地运用于风环境的研究领域。但在实际应用过程中,CFD模拟更多地被运用于小尺度的街区、建筑群或者单体建筑的模拟中,较少用于城市尺度的风环境研究。一方面,这是因为CFD模拟需要建立整个三维的城市实体模型,城市中有成千上万幢建筑,数据量惊人。通常在大尺度条件下,人们会简化空间建模,但简化建模程度所产生的误差会对风环境模拟产生较为严重的负面影响,使得模拟结果不可靠。另一方面,城市尺度的 CFD 模拟对计算机硬件有较高的要求,甚至需要使用超级计算机,且模拟一次需要较长的时间。目前全世界仅有一例在城市风环境的模拟中考虑到实际建筑的影响①。因此,CFD 模拟还处于"小尺度空间应用技术成熟,大尺度空间应用技术正在发展"的阶段。

综上,定性分析缺乏科学化的研究且可靠性有待验证,而以 CFD 模拟为技术手段的定量研究在城市尺度上存在局限性。因此,城市尺度通风廊道的构建方法需要进一步研究和探索。

1.4.2 本书内容框架

本书共六章,主要内容是在评述和借鉴以往城市风道研究的基础上,尝试对多尺度城市风道的构建和量化模拟以及规划设计方案优化展开研究。第 1 章,剖析了目前城市风道研究的背景和意义,明确了城市风道的基本概念、基础理论及学科基础,评述了国内外城市风道研究动态与实践。第 2 章,提出了城市尺度城市风道量化分析及构建的具体内容与方法,主要包括作用空间和补偿空间的确定、空气引导通道的确定和城市主导风向特征分析、影响因子分析与叠加等,并以杭州市为例,构建了多级潜在的城市风道。第 3 章,借助多孔介质简化模型,在城市点位风特征观测与试验区验证的基础上,探索规划条件下城区尺度大范围量化模拟,通过模拟风场特征的量化分析,提出城市设计优化策略,并以杭州未来科技城重点区域为案例,将其城市设计成果的量化方式构建多孔介质模型,通过实测数据模拟检验,提出以改善风环境为目标的城市设计优化策略。第 4 章,主要以城市住区、不同类型的城市风道理想三维空间模型和南京中山路两侧实际三维模型为基础,借助 CFD 技术模拟不同建筑形态下城市风场的三维分布,以期优化城市住宅区和不同类型城市风道的规划设计,来改善城市风环境质量。第 5 章,从城市设计编制和管理的角度,从前期研究、中期编制到后期审批阶段,建立一套相对完善的提升城市通风

---

① Ashie Y,Tokairin T,Kono T,et al. Numerical Simulation of Urban Heat Island in a Ten-km Square Area of Central Tokyo[R]. In: Annual Report of the Earth Simulator Center,2007:83—87.

环境的城市设计编制与管理体系。第 6 章,总结与展望。本书的主要内
容及研究路线见图 1-11。

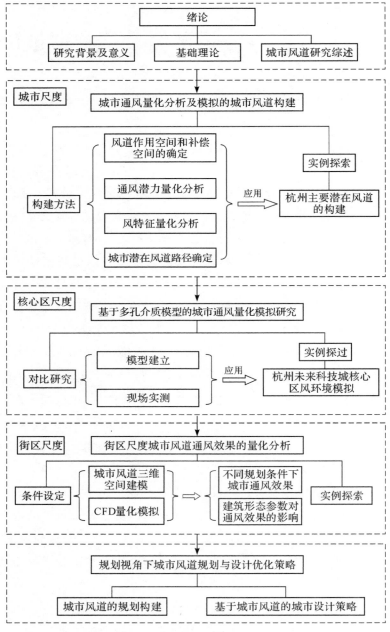

图 1-11　本书主要研究内容及技术路线

第2章 基于通风潜力及风特征量化分析的城市风道构建

　　城市尺度上城市风道构建的核心内容是分析确定出城市潜在的作用空间、补偿空间以及空气引导通道,并在此基础上结合城市主导风向特征综合构建出城市风道,进而在已经构建出城市潜在风道的基础上,针对城市尺度潜在风道从城市总体布局、城市道路系统、城市开敞空间以及广义风道的营建等角度提出一些控制和管理措施,进一步加强城市尺度潜在风道的通风效果(见图 2-1)。

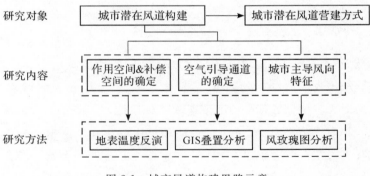

图 2-1　城市风道构建思路示意

2.1　数据来源及预处理

　　利用 Erdas 软件进行地表温度反演。其主要工作流程包括遥感影像选取、反演方法选取、数据预处理以及反演步骤和公式的确定等几个过程。

1. 遥感影像选取

Landsat 卫星的热红外系列数据一直都是地表温度反演的重要数据之一。从 1984 年发射成功的 Landsat 5 到 2013 年发射升空的 Landsat 8，Landsat 卫星系列长期为遥感研究者提供可靠、有效的热红外遥感影像数据。Landsat 8 是由美国国家航空航天局（NASA）发射升空的，主要携带了 OLI（陆地成像仪）和 TIRS（热红外传感器）两个荷载，其所采集的多光谱数据包括 11 个波段，其中第 10 波段和第 11 波段记录了地表的热红外光，是地表温度反演的有效波段。Landsat 8 影像的前 9 个波段的空间分辨率大部分都为 30m，只有 Band 9 Pan（微米全色）为 15m，后 2 个热红外波段的空间分辨率为 100m，各波段的空间分辨率都较高，有利于对城市地表各区域展开研究。

Landsat 8 地表温度反演主要采用热红外波段第 10 波段和第 11 波段进行研究。但依据美国地质勘探局（USGS）的研究，目前 Landsat 8 的第 11 波段仍存在较大的不稳定性，建议采用第 10 波段作为单波段热红外数据使用[1]。基于此，本研究采用 Landsat 8 第 10 波段进行地表温度反演。

2. 反演方法选取

基于 Landsat TM 影像的地表温度反演方式通常有四种，包括辐射传输方程法、单窗算法、单通道算法以及基于影像的反演算法。其中，辐射传输方程法不仅需要的基础数据多，反演过程复杂，而且反演精度不高，在缺乏实时大气剖面数据的情况下通常不建议使用。基于影像的算法只考虑地表辐射率的影响，而单通道算法和单窗算法在考虑地表辐射率的基础上还考虑了大气辐射的影响，需要地表气温及大气含水量等多个参数。丁凤等通过实验对比研究发现，三种方式的地表温度反演结果总体上比较接近[2]。而且在晴朗少云的天气条件下，可认为大气的影响程度在空间上近乎一致，对地表温度的空间分布影响较小。因此，本研究采用便

---

① USGS. Landsat 8 （L8） Operation Land Imager（OLI） and Thermal Infrared Sensor（TIRS） Calibration Notice［EB/OL］. http://usgs. gov/calibration-notices. php,2013-12-04.

② 丁凤,徐涵秋. 基于 Landsat TM 的三种地表温度反演算法比较分析[J]. 福建师范大学学报（自然科学版）,2008,24（1）:91－96.

捷且对外来参数依赖性较小的基于影像的反演方法。

3. 数据预处理

运用遥感技术获取影像的过程,必然会受到太阳辐射、大气传输、卫星姿态、地球运动、传感器结构等的影响,从而产生辐射畸变和几何畸变。所以,在进行地表温度反演之前,要对影像数据进行校正。Landsat TM影像在遥感数据接收和分发中心就经过系统辐射校正、地面控制点几何粗校正以及数字高程模型(DEM)地形校正处理,所以需进行的数据预处理主要有几何精校正和大气校正。

几何精校正主要是利用畸变的遥感影像与标准图像之间的一些对应点求得几何畸变模型,并利用此模型进行几何畸变的校正。通常应用较多的校正模型为多项式纠正模型,其地面控制点数的确定至关重要,纠正精度随多项式阶数的增加而提高。最少控制点数的计算公式为

$$n = \frac{(t-1) \times (t+2)}{2} \tag{2-1}$$

式中:t 为多项式阶数;n 为最少控制点数。

为了最大限度地保留光谱信息,建议采用最邻近像元法对经过变换后的像元进行重采样,从而获得几何精校正图像。大气校正是为了消除光照、大气散射、吸收与反射等因素的影响,常采用直方图匹配法进行校正,即将 Landsat TM 影像中受大气散射影响最小的波段(通常为热红外波段)的灰度值作为标准值,将遥感影像的每一波段灰度值减去各自波段的最小灰度值,从而达到大气校正的目的。

4. 反演步骤和公式

基于影像反演算法的基本步骤如下。

(1)辐射定标

辐射定标是利用辐射定标系数将传感器记录的像元灰度值转换为辐射亮度值。其辐射校正公式为

$$L_{10} = M_L \times Q_{cal} + A_L \tag{2-2}$$

式中:L_{10} 为遥感影像第 10 波段的辐射亮度值(单位为 $W \cdot m^{-2} sr^{-1} \mu m^{-1}$);$Q_{cal}$ 为像元灰度值;M_L 和 A_L 为增益参数和偏移参数,可从影像原文件中直接读取。第 10 波段的 M_L 参数字段为 RADIANCE_MULT_

BAND_10，A_L 参数字段为 RADIANCE_ADD_BAND_10。

（2）地表亮温计算

地表亮温计算是依据普朗克定律将辐射亮度值转化为亮度温度。其计算公式为[①]

$$T_{10} = \frac{K_2}{\ln\left(1 + \dfrac{K_1}{L_{10}}\right)} \tag{2-3}$$

式中：T_{10} 为地表亮温值（单位为 K）；L_{10} 为第 10 波段的辐射亮度值；K_1 和 K_2 为常量，可直接从影像原文件中读取。第 10 波段的 K_1 参数字段为 K1_CONSTANT_BAND_10，参数值为 774.89；K_2 参数字段为 K2_CONSTANT_BAND_10，参数值为 1321.08。

（3）地表比辐射校正

地表比辐射校正是利用地物比辐射率对亮温温度作进一步校正，从而获得地表温度。其计算公式为[②]

$$T_s = \frac{T_{10}}{\left(1 + \lambda \times \dfrac{T_{10}}{\rho}\right) \times \ln\varepsilon} \tag{2-4}$$

式中：T_s 为地表温度；T_{10} 为地表亮温值；λ 为热红外波段的中心波长，第 10 波段的中心波长 $\lambda = 10.9\mu\text{m}$；$\rho = hc/k = 1.438 \times 10^{-2}\text{m} \cdot \text{K}$，其中普朗克常量 $h = 6.626 \times 10^{-34}\text{J} \cdot \text{s}$，光速 $c = 2.998 \times 10^{8}\text{m/s}$，玻尔兹曼常数 $k = 1.38 \times 10^{-23}\text{J/K}$；$\varepsilon$ 为地表比辐射率。参照宋挺等的研究和判断[③]，设定 Landsat 8 第 10 波段的地表比辐射率为

$$\varepsilon_{10\text{水体}} = 0.99683$$

$$\varepsilon_{10\text{植被}} = 0.98672$$

$$\varepsilon_{10\text{裸土}} = 0.96767$$

$$\varepsilon_{10\text{建筑}} = 0.964885$$

---

① 陈云. 基于 Landsat 8 的城市热岛效应研究初探——以厦门市为例[J]. 测绘与空间地理信息，2014,37(2):123—128.

② 胡文星. 基于不同算法的温度反演比较[J]. 电子制作，2014(21):253—254.

③ 宋挺，段峥，刘军志，等. Landsat 8 数据地表温度反演算法对比[J]. 遥感学报，2015,19(3):451—464.

2.2　研究方法

2.2.1　作用空间和补偿空间的确定

1. 作用空间的确定

作用空间是城市热岛效应的核心区,地表高温区连接成片且热污染严重。以城市地表温度反演为基础,遴选出成片的高温区,并结合城市土地覆盖类型、开发强度进行综合判断(见图 2-2)。

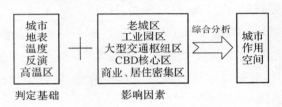

图 2-2　作用空间判定示意

作用空间通常更容易分布在以下几种场所:

(1)高建筑密度的老城区。密集的建筑群更易形成封闭空间,阻碍空气的流通,使得城市热量难以扩散。

(2)热源集中的工业园区。工业通常以园区形式布置,能耗集中且热源(如发电厂、钢铁厂等)会加剧热力强度,形成城市高温区。

(3)大型交通枢纽区,如机场、火车站等,密集的人流、川流不息的车流等会释放出大量的热能。

(4)商业、居住密集区,中央商务区(CBD)和大型居住区集聚着大量人口,建筑密度大,容积率高,释放出生活热能多且易受到建筑阻隔,城市人类活动使得城市平均温度提高 2℃,污染物浓度增加 10 倍。

2. 补偿空间的确定

补偿空间通常是城市的低温区,为城市提供新鲜冷空气。以城市地表温度反演为基础,挑选出成片或者面积较大的低温区,并结合城市绿地、湖泊等进行综合判断(见图 2-3)。

补偿空间往往更容易分布在以下几种城市土地覆盖类型之中:

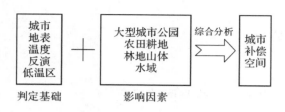

图 2-3　补偿空间判定示意

（1）大型城市公园，以植被覆盖为主，通过蒸腾作用散热，起到降温的作用。有研究表明，城市绿地的温度要低于其他土地覆盖类型，比城市CBD核心区要低 4.01℃。若是大型的城市绿地，则平均比周边区域低1.38℃，能够缓解周边地区的闷热和高温效应[①]。

（2）农田耕地。城市外围或者郊区连片的高植被覆盖率的农田，能增强生物气候环境，产生大量冷空气。实验证明，耕地每小时能产生 10～12m³ 的冷空气，若是冷空气不流通到其他地方，则每分钟可积累 0.2m，每小时能生成 12m 厚的冷空气层[②]。

（3）大面积林地山体。森林覆盖的山体也具备冷空气生产功能，且比等面积的开放空间生产的冷空气量更多，是城市绝佳的冷气库。

（4）水域。其下垫面以大面积的水体覆盖为主，形成显著的低温区，有助于平衡城市内外能量交换。

2.2.2　通风潜力量化分析

1. 研究方法及技术路线

城市空气引导通道主要是将补偿空间的新鲜空气引入城市作用空间，此通道往往指空气流动阻力较小的区域，即使在静风的状态下也不会阻碍城郊的补偿气团流向城区高温的作用空间。从前文可知，城市空气引导通道包括冷空气引导通道、通风廊道以及新鲜空气通道三类，而城市规划应该保护和发展的是冷空气引导通道。根据 Kress 的研究，影响冷

---

① Wong N H，Yu C. Study of green areas and urban heatisland in a tropical city [J]. Hallitat International，2005，29(3)：547－558.

② 姜允芳，石铁矛，王丽洁，等. 都市气候图与城市绿地系统的发展[J]. 现代城市研究，2011(6)：39－44.

空气引导通道的气候调节功效的主要因素包括地表粗糙度、边缘状态、通道长度、通道宽度以及阻碍物等。

如何在城市尺度上相对合理、科学地识别出空气引导通道是值得探讨的问题。在对城市建设环境充分认识的基础上,选取主要的影响因素,按照其对空间尺度上风流通潜力的影响程度进行评估和分析,并构建出评价模型,力求找出最佳的空气引导通道。而这个城市空间尺度的风流通潜力评估的实现需借助 ArcGIS 平台、叠加分析法、定性分析与定量分析等软件和方法。

(1)GIS 空间叠加分析法

地理信息系统(GIS)是加拿大学者于 20 世纪 60 年代提出的关于空间数据处理的技术系统,具有数据采集和编辑、数据存储和管理、制图、空间查询和分析以及二次开发和编辑的功能。其中 GIS 空间分析功能主要包括拓扑空间查询、空间叠加分析、缓冲区分析、空间集合分析、路径分析、空间插值以及地学分析等[①]。本书城市空间上的风流通潜力评估主要利用其中的空间叠加分析法。基于 GIS 的空间叠加分析法能迅速地处理与空间分布有关的数据,能有效结合空间数据与属性数据,可直接操作数据且分析结果具有直观化、可视化等特点,通常用于土地生态适宜性评价。本书创造性地将其借用到城市空间尺度的风流通潜力评估研究中。

空间叠加分析法是在统一的空间参照系统下,将不同的影响因子图层通过加权综合、布尔运算等方式进行叠加分析,最终形成综合评价图。其基本步骤为:

1)明确研究目标并选定影响因子(选定城市空气引导通道的影响因子)。

2)收集资料并分析每个影响因子的空间分布状况,再根据其对研究目标的潜力影响程度进行分级并给出相应的分值,利用 GIS 处理形成单因素影响图。

3)通过量化分值的相加求和获取综合评价值,以分值的大小表示具备潜力的大小,技术上是利用 GIS 的叠加分析功能将两张或两张以上的

---

① 汤国安,杨昕,等. ArcGIS 地理信息系统空间分析实验教程[M].2 版.北京:科学出版社,2012:217-222.

单因素影响图叠加形成综合影响图(见图 2-4)。

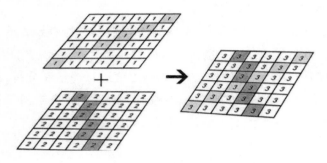

图 2-4　GIS 空间叠加示意

4)分析综合影响图并由此划定城市空气引导通道。

但以上的叠加分析法实质上是各个影响因子的等权相加,默认各个因子对城市空间尺度的风流通潜力影响程度是一致的。而实际上各个影响因子的作用程度是不相同的。当影响程度相差明显时,就不适宜采用因子等权求和法,应考虑引入因子加权评分法,即根据单个因子的影响程度相对应地赋予权值,影响程度深的因子赋予较大的权值,影响程度浅的则赋予较小的权值,然后在各个单因子分级评分的基础上,对各个单因子的评分结果进行加权求和以获取综合评价分值。通常分值越高,适宜性越好。加权求和的计算公式如下[①]:

$$V_i = \sum_{j=1}^{n} B_{ij} \cdot \omega_j \qquad\qquad (2\text{-}5)$$

式中:i 表示评价单元编号;j 表示城市空气引导通道的影响因子编号;V_i 表示第 i 个单元的空气引导通道综合评价值;B_{ij} 表示第 i 个单元的第 j 个影响因子的单因子评价值;ω_j 表示第 j 个影响因子对空气引导通道的权值。

(2)定性分析与定量分析相结合

定性分析是对研究对象的内在本质、区别于其他事物的"质"的分析,是一种基于研究者的感官认知、经验阅历等主观意识的判断方法。定量分析则是利用数据、资料、模型等手段对研究对象进行数量特征、数量关

---

① 朱虹.基于 GIS 的工业园土地生态适宜性评价研究[D].大连:大连理工大学,2007.

系以及数量变化的分析。一般来说,定量分析更为严谨和科学,但如果完全忽视定性分析容易造成目标缺失、方向偏歪的后果。定性分析是定量分析的基础,而定量分析是定性分析的深化。因此,本书对于城市空气引导通道潜力评估的分析采用定性与定量相结合的研究方法,对相关影响因子的选取、分级评价等研究采用定性方式,对评价模型、权重系数以及空间叠加分析等研究采用定量方式。

(3)风流通潜力评估技术路线

城市空间尺度的风流通潜力评估主要包括以下几个步骤:资料收集和实地调查、影响因子筛选、分级量化指标体系的确定、评价模型的建立、GIS 空间叠加分析以及形成城市空间尺度的风流通潜力综合评价图,详见图 2-5。

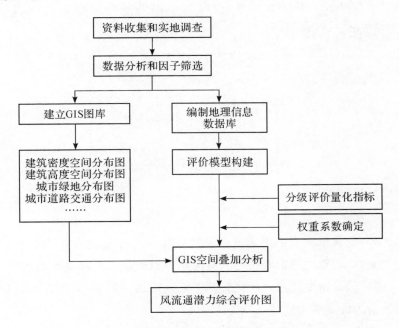

图 2-5　风流通潜力评估技术路线

2.影响因子的选取与分析

城市空间尺度风流通潜力的影响因素很多,如果全部考虑,则城市尺度的资料难以收集全面,且部分影响因子并没有直接影响,对综合评价的结果没有意义。因此,应在有关专家的指导下选取对风流通潜力影响大且稳定性较强的主导影响因素。城市空间风流通潜力的大小在很大程度上取决于城市地表粗糙度。城市地表粗糙度是反映城市形态对风流通影响的重要参数,一般地表粗糙度越大,风就越难穿越和流通,而地表粗糙度常与建筑密度、建筑高度、城市绿地系统、城市水体、城市路网等因素有关。

(1)影响因子一:建筑密度

建筑密度又称建筑物覆盖率,是指在一定用地范围内所有建筑物的基底总面积与总用地面积的比值,常常用来反映城市或者街区范围内的建筑密集程度。城区范围内高密度建筑会增加地表粗糙度,削减空气可流动的空间,进而影响空气流通的速度,降低风流通的潜力。日本学者Yoshie 及其团队于 2008 年通过风洞实验研究了城市通风与建筑密度的关系。实验表明,建筑密度越高,则近地面的平均城市通风能力越差(见图 2-6)[①]。

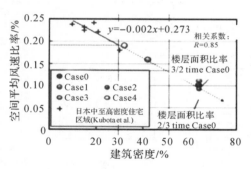

图 2-6　建筑通透度对比

此外,建筑密度还会影响城市的通透度。高密度的建筑物会阻碍空气的流动,而建筑之间留有一定的空隙则可以促进空气流动。如在图 2-7中,右侧的建筑密度比左侧的更有利于空气流通。因此,建筑密度是反映风流通潜力的重要指标。

① Yoshie R,Tanak H,Shirasawa T,et al. Experimental Study on Air Ventilation in a Built-up Area with Closely-packed High-rise Buildings [C]. The 2nd WERC International Symposium on Architectural Wind Engineering,Wind Engineering Research Center,2008.

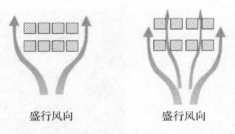

盛行风向　　　　　　　盛行风向

图 2-7　城市通风与建筑密度的关系①

（2）影响因子二：建筑高度

建筑高度是影响城市地表粗糙度的另一主要因素。解以扬②等人以天津气象塔周边的建筑群为例研究了建筑群的平均高度与地表粗糙度的关系，得出统计方程：

$$Z_0 = 0.063566 + 0.093813H$$

式中：Z_0 表示地表粗糙度；H 表示建筑群平均高度。

上式表明，地表粗糙度与建筑高度存在良好的线性关系，建筑物越高，地表粗糙度也越大，风流通的能力也就越差。而且，随着建筑高度的增加，建筑的迎风面积也会随之显著增加，阻碍自然风向城市内部的渗透。

建筑高度还与建筑物体积相关。随着楼层的增高建筑物体积也增加，过高的建筑高度和过大的建筑体积不仅会阻碍城市空气的流通，还会增加城市的热负荷。一方面，体积庞大的建筑物相互连在一起犹如城墙，容易引起"屏风效应"（见图 2-8），阻碍空气的自由流动；另一方面，大体积的建筑物相互遮挡，会降低天空的遮蔽率（见图 2-9），限制了长波辐射的逃逸，影响城市散热，加剧城市热岛效应。因此，建筑高度也是评估风流通潜力的主要指标之一，建筑越高，其体积越大，城市通风能力越差。

① 香港中文大学. 都市气候图及风环境评估标准——可行性研究[R]. 香港：香港特别行政区规划署, 2013.
② 解以扬, 由立宏, 刘学军. 城市化对地表粗糙度影响的分析[C]. // 中国气象学会城市气象学委员会. 新世纪气象科技创新与大气科学发展——城市气象与科技奥运. 北京：气象出版社, 2003：166－168.

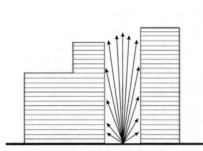

图 2-8　高楼形成屏风效应　　　图 2-9　高楼降低天空的遮蔽率

（3）影响因子三：城市绿地系统

城市绿地系统指的是城市建成区范围内各种类型绿地构成的系统，主要包括公园绿地、防护绿地、生产绿地以及风景林地等。城市绿地区域与高楼大厦、密集建筑区相比，更有利于风的流动，是城市风道的重要组成部分。苗世光等利用多尺度数值模型模拟了不同绿地面积下城市的气象环境情况。实验表明，随着城市绿地面积的增加，城区的平均风速也随之增大[1]。当绿地面积占比由 8％增至 60％时，绿地分散布局模式的平均风速增加 36％，而集中布局模式的平均风速增加 26％。与此同时，城市绿地面积的增加还能减少城市静风区和小风区（平均风速小于1m/s）面积，在绿地分散布置的模式下，城市绿地面积每增加一倍，城市静风区或小风区减少 30％。此外，当城市绿地面积增至一定面积，绿地的降温效应使得本身的温度比周边城区低，产生温度差，形成由低温吹向高温的冷空气。因此，城市绿地系统对城市空间尺度风流通潜力具有正面影响。

（4）影响因子四：城市水体

城市水体既包括自然水系也涵盖人工水体，大到江河湖泊，小到坑塘沟渠皆包含在内。城市水体既能降温增湿、缓解城市热岛效应，还能促进城市空气流动。水体的表面比绿化植被、房屋建筑、铺装道路都要光滑，下垫面的粗糙度小，可促进风速的增加。轩春怡等通过具体的数值模拟表明城市的水体布局对大气流动具有促进作用，随着城市水体面积占比

① 苗世光，王晓云，蒋维楣，等.城市规划中绿地布局对气象环境的影响——以成都城市绿地规划方案为例[J].城市规划，2013,37(6):41—46.

的增加,城市平均风速随之增加,而静风区和小风区(平均风速小于1m/s)的面积比例则随之减少(见表 2-1)。当水体占有率从 4% 增至 16% 时,水体分散布局模式下的城市平均风速增加 0.16m/s,集中布局模式下平均风速增大 0.1m/s,城市静风区或小风区占城市总区域的百分比也从73.72% 降至 29% [①]。因此,无论是分散布局模式还是集中布局模式的城市水体都有利于城市空气流动,是风流通潜力的重要评估指标。

表 2-1　夏季城市水体占有率与日平均风速、静风区或者小风区的关系

水体占有率		4%	8%	12%	16%
日平均风速/(m/s)	集中布局型	0.99	1.04	1.07	1.09
	分散布局型	1.01	1.10	1.12	1.17
静风区或小风区比例/%		73.72	38.04	31.80	29.00

(5)影响因子五:城市路网

路网作为城市主要的骨架和通道系统,串接城市的各个街区,能将自然风输送至城市街区的每幢建筑,是城市空气引导通道的重要组成部分。在遍布整个城市的路网结构中,道路对通风作用的影响程度可按道路等级划分。城市快速路和城市主干路主要连接城市的各个片区,以速度较快的车行道为主,道路红线宽度比较大,通风的截面面积大,通风潜力较大;而城市次干路和支路主要衔接片区内部的各个街区,人车混行,车速缓慢,道路红线的宽度比较窄,气体流动所受的阻力比较大,通风潜力较小。但是,无论是通风潜力较大的快速路、主干路,还是通风潜力较小的次干路、支路,都比满是建筑的城市街区的空气流动阻力要小,是城市风流动的主要通道。李鹍等利用流体力学模型 CFD 模拟了长 1.8km、宽80m 的街道的通风效果。结果显示,街道的通风效果良好,街道中心的风速比周边地区高,且随着距离的增大衰减得慢(见图 2-10)[②]。此外,城市路网作为城市中的线性空间,能有效衔接城市中的公园、广场、绿地等有

---

① 轩春怡,王晓云,蒋维楣,等. 城市中水体布局对大气环境的影响[J]. 气象,2010,36(12):94—101.

② 李鹍,余庄. 基于气候调节的城市通风道探析[J]. 自然资源学报,2006,21(6):991—997.

利于空气流动的开敞空间并形成完整的通风网络。

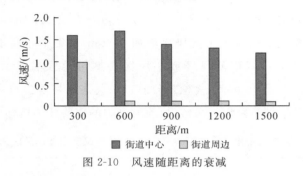

图 2-10　风速随距离的衰减

3.影响因子的获取和分级赋值

　　基于对影响城市空气流通的各类因子的分析和研究,最终筛选出建筑密度、建筑高度、城市绿地系统、城市水体以及城市路网五个影响因子,其中建筑密度和建筑高度是减少空气流动的主要负面因素,而城市绿地系统、城市水体以及城市路网是促进城市空气流通的主要正面因素。影响因子选定之后,由于各影响因子没有统一量纲,不具有可比性,难以进行评价,故需将各个影响因子进行标准化处理。处理方法通常有模糊数学分析法和分级赋值法。本书采取的是分级赋值法,即以影响因子的实际值为基础,依照分级评价标准进行赋值,当影响因子符合不同的评价标准时便赋予不同的分值。

　　考虑到五个影响因子本身的特性和分析的精确性,结合上述对影响因子的分析,建议将评价等级按照对城市风流通潜力的影响程度分为好、较好、中等、较差和差五个等级,并进行分级赋值,越有利于风的流通分值越高,越不利于风的流通分值越低(好:5分;较好:4分;中等:3分;较差:2分;差:1分)。根据五个影响因子的资料收集方式、影响方式以及分级标准的不同,将其分成三类进行具体说明。

　　(1)建筑密度和建筑高度

　　建筑密度概念是针对一定用地范围的,数据的获取必定建立在用地单元划分的基础上。而作为城市大尺度的研究,如果用地单元划分过小则需要处理的数据量过大,若是单元划分过大又会影响分析的精度。因此,研究主张结合城市规划管理分区,以2～3条主干路为界封闭成为一个单元。同理,测量每幢建筑的高度也是缺乏可操作性的,借鉴建筑密度的操作模式,以单元为界求取平均建筑高度。通过现场采取样本取平均值的方式,结合文献查阅及网上的楼盘信息估算获取每个单元的平均建筑密度和平均建筑高度。最后,将获取的平均建筑密度和平均建筑高度数据按照对风流通的影响分为五个等级进行打分,建筑密度和建筑高度的值越大,越不利于风的流通,赋予的分值也就越低(见表 2-2)。

表 2-2　以杭州为例的平均建筑密度和平均建筑高度的分级赋值

影响因子	评价标准	分级赋值/分
平均建筑密度	40%~50%	1
	30%~39%	2
	20%~29%	3
	10%~19%	4
	<10%	5
平均建筑高度	>9F	1
	7F~9F	2
	4F~6F	3
	1F~3F	4
	<1F	5

(2)城市绿地系统和城市水体

城市中的绿地和水系通常以两种形式存在:一种是面状,形状多为不规则,面积相对较大,如城市中央公园、湖泊、湿地、山体等(见图 2-11);另一种是带状,呈现一定宽度的线状,如城市水系、道路防护绿带、滨水绿带

(a) 纽约中央公园　　　　　　　　　(b) 波士顿泛海德公园

图 2-11　面状绿地示意

等(见图 2-12)。

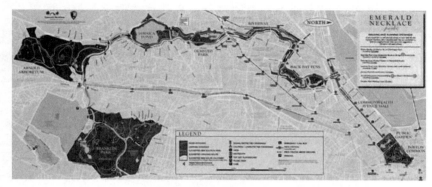

图 2-12   带状绿地示意(波士顿公园绿道)

　　此二者主要通过布局模式、面积大小以及红线宽度等指标影响城市风的流通。一般,面状形式的绿地或水系面积越大越利于风的流通,带状形式的绿地或水系宽度越大越利于风的流通,且分散布局模式比集中布局模式更有利。基于以上要素的考虑,需获取城市绿地系统和城市水体的空间分布情况,并研究区域内主要山体、公园、湿地、街头绿地、湖泊、河流、水塘等绿地和水系的具体面积和红线宽度。绿地或水系的风流通影响主要通过面积和红线宽度两个因子来反映,需分别针对单个因子赋值打分,绿地或水系面积越大赋值越大,红线宽度越大分值越高(见表 2-3)。

表 2-3   以杭州为例的城市绿地和城市水体的分级赋值

影响因子		评价标准	分级赋值/分
城市绿地	面状:面积/hm²	＞80	5
		50~79	4
		30~49	3
		10~29	2
		＜10	1
	带状:红线宽度/m	＞100	5
		80~100	4
		60~79	3
		40~59	2
		＜40	1

续表

影响因子		评价标准	分级赋值/分
城市水体	面状:面积/hm²	＞500	5
		300～499	4
		200～299	3
		50～199	2
		＜50	1
	带状:红线宽度/m	＞80	5
		60～79	4
		40～59	3
		20～39	2
		＜20	1

(3)城市路网

从城市尺度出发,城市道路与风向的方位关系、道路红线宽度以及路网形式等都会影响冷空气的流通。就道路与风向的方位关系而言,道路布局应顺应夏季主导风方向,并与冬季主导风方向成较大角度。研究表明,当主要道路布局与夏季主导风方向呈 20°～30°夹角时,街道对空气流通的促进作用达到最大化[1]。就路网形式而言,在方格网式、环形放射式、自由式以及混合式四种经典路网形式中,方格网式有两个相互交织的明确走向,便于组织风的流通,整体通风效率高。就道路红线宽度而言,风的流通效率与道路红线的宽度成正比。空气引导通道在任何情况下宽度至少要达到 30m,最好达到 50m[2]。若是从郊区引导冷空气至城市核心区,则通道的宽度至少要 150m。

就某一个城市研究而言,路网形式是确定的,则主要需收集路网的空间分布情况、道路的红线宽度以及路网与城市主导风向的关系,并按照红线宽度和方向关系两个指标进行分级打分,顺应夏季主导风向的道路分

① 　Givoni B. Climate Considerations in Building and Urban Design [M]. New York: A Division of International Thomson Publishing Inc,1998.
② 　李军,荣颖.武汉市城市风道构建及其设计控制引导[J].规划师,2014,30(8):115-120.

数高,红线宽度越大的分数越高。本书的实例探索是以杭州为例的,杭州夏季主导风向为西南风,冬季主导风向为西北风,而城市路网是正南北的方格网结构,东西方向的路网与南北方向的路网对风的引导作用无明显差别,故不考虑方向关系,只考虑路网红线宽度,即路幅宽度(见表2-4)。

表 2-4　以杭州为例的城市路幅宽度分级赋值

影响因子	评价标准	分级赋值/分
城市路幅宽度/m	＞50	5
	42～50	4
	36～41	3
	24～35	2
	＜24	1

4.影响因子权重系数的确定

在城市空间风流通潜力的评价中,各项影响因子的影响程度各不相同,需赋予各个指标不同的权重系数。权重系数的确定受决策者、决策方式、决策问题等的影响,通常有层次分析法、德尔菲法、序关系分析法等。本研究采用通俗易懂且可操纵性强的序关系分析法。

(1)序关系分析法

序关系分析法的权重获取步骤如下:

1)确定序关系

将评价因子集$\{x_1,x_2,x_3,\cdots,x_m\}$按照相对于评价标准的重要性程度进行排序,如果评价因子 $x_1,x_2,x_3,\cdots,x_m$ 相对于评价标准具有 $x_1^* > x_2^* > x_3^* > \cdots > x_m^*$ 的关系,则确定 $x_1 > x_2 > x_3 > \cdots > x_m$ 的序关系。其中 x_i^* 表示$\{x_i\}$按关系"＞"确定排序后的第 i 个评价指标($i=1,2,\cdots,m$)。

2)判断 x_{k-1} 和 x_k 之间的重要性程度

设专家(决策者)关于评价指标 x_{k-1} 和 x_k 的重要性程度之比 r_k 为

$$r_k = \frac{\omega_{k-1}}{\omega_k}(k=m,m-1,m-2,\cdots,3,2) \tag{2-6}$$

式中:ω_k 为评价指标 x_k 的重要性程度;r_k 的赋值可参考表 2-5。同时 r_k

和 r_{k-1} 之间须满足如下关系式:

$$r_{k-1} > \frac{1}{r_k}(k=m, m-1, m-2, \cdots, 3, 2) \tag{2-7}$$

表 2-5　赋值参考表[①]

重要性程度之比 r_k	说明
1.0	因子 x_{k-1} 与因子 x_k 具有同等重要性
1.2	因子 x_{k-1} 比因子 x_k 稍微重要
1.4	因子 x_{k-1} 比因子 x_k 明显重要
1.6	因子 x_{k-1} 比因子 x_k 强烈重要
1.8	因子 x_{k-1} 比因子 x_k 极端重要

3) 确定权重系数

如果专家(决策者)给出的重要性程度比 r_k 满足式(2-7)的关系,则 ω_m 的值为

$$\omega_m = \left(1 + \sum_{k=2}^{m} \prod_{i=k}^{m} r_i\right)^{-1} \tag{2-8}$$

而

$$\omega_{k-1} = r_k \omega_k (k=m, m-1, \cdots, 3, 2) \tag{2-9}$$

(2) 权重系数的确定

选取五个风流通潜力的影响因子,分别为 x_1 城市水体、x_2 城市绿地系统、x_3 城市路网、x_4 建筑高度、x_5 建筑密度。其中,x_1、x_2 和 x_3 对风的流通有促进作用,而 x_4、x_5 则起阻碍作用。基于对五个影响因子相对于风流通的促进或阻碍作用程度的分析,确定 $x_1^* > x_2^* > x_3^* > x_4^* > x_5^*$ 的序关系,咨询相关专家并给出:

$$r_2 = \frac{\omega_1^*}{\omega_2^*} = 1.2, \quad r_3 = \frac{\omega_2^*}{\omega_3^*} = 1$$

$$r_4 = \frac{\omega_3^*}{\omega_4^*} = 1.2, \quad r_5 = \frac{\omega_4^*}{\omega_5^*} = 1.2$$

则

---

① 张发明. 区间标度群组序关系评价法及其运用[J]. 系统工程理论与实践, 2013 (3): 720−725.

$$r_2 r_3 r_4 r_5 = 1.728; \quad r_3 r_4 r_5 = 1.44; \quad r_4 r_5 = 1.44; \quad r_5 = 1.2$$
$$r_2 r_3 r_4 r_5 + r_3 r_4 r_5 + r_4 r_5 + r_5 = 5.808$$

所以

$$\omega_5^* = (1 + 5.808)^{-1} = 0.1469$$
$$\omega_4^* = \omega_5^* r_5 = 0.1469 \times 1.2 = 0.1763$$
$$\omega_3^* = \omega_4^* r_4 = 0.1763 \times 1.2 = 0.2116$$
$$\omega_2^* = \omega_3^* r_3 = 0.2116 \times 1 = 0.2116$$
$$\omega_1^* = \omega_2^* r_2 = 0.2115 \times 1.2 = 0.2539$$

因此，$\{x_1, x_2, x_3, x_4, x_5\}$ 评价因子的权重系数为

$$\omega_1 = \omega_1^* = 0.2539; \quad \omega_2 = \omega_2^* = 0.2116; \quad \omega_3 = \omega_3^* = 0.2116;$$
$$\omega_4 = \omega_4^* = 0.1763; \quad \omega_5 = \omega_5^* = 0.1469$$

其中，城市水体 x_1 和城市绿地 x_2 又各有两个影响因子，分别为水体面积 ω_{11}、水体宽度 ω_{12}、绿地面积 ω_{21}、水体宽度 ω_{22}。按照水体或绿地宽度和水体或绿地面积的权重为 0.6 和 0.4 计算，有

$$\omega_{11} = 0.4\omega_1 = 0.4 \times 0.2538 = 0.1015$$
$$\omega_{12} = 0.6\omega_1 = 0.6 \times 0.2538 = 0.1523$$
$$\omega_{21} = 0.4\omega_2 = 0.4 \times 0.2115 = 0.0846$$
$$\omega_{22} = 0.6\omega_2 = 0.6 \times 0.2115 = 0.1269$$

综上，城市水体、城市绿地、城市路网、建筑密度以及建筑高度的权重系数如表 2-6 所示。

表 2-6　各影响因子权重系数

影响因子		权重系数
城市水体(ω_1)	面积(ω_{11})	0.1015
	宽度(ω_{12})	0.1523
城市绿地系统(ω_2)	面积(ω_{21})	0.0846
	宽度(ω_{22})	0.1269
城市路网(ω_3)		0.2116
建筑高度(ω_4)		0.1763
建筑密度(ω_5)		0.1469

5. 综合评价模型及 GIS 叠加分析

基于前文影响因子的选定,按照对城市空气引导潜力的影响程度逐个给影响因子分级赋值,并形成单因子影响图。对于各单因子的综合影响性,则采用综合模型进行评价,即

$$V = \sum_{j=1}^{n} B_j \cdot \omega_j \qquad (2\text{-}10)$$

式中:j 表示城市空气引导通道的影响因子编号;n 表示城市空气引导通道的影响因子总数;V 表示空气引导通道综合评价值;B_j 表示第 j 个影响因子的单因子评价值;ω_j 表示第 j 个影响因子对空气引导通道的权重值($\omega_1 + \omega_2 + \omega_3 + \cdots + \omega_n = 1$)。

通过分析和研究各影响因子对空气引导通道作用的影响程度,寻找有利于空气流通的通道,并以此为依据指导城市尺度风道的划定。

在收集各影响因子数据资料的基础上,以 ArcGIS 为平台建立基础数据库,进行单因子评价,形成单因子影响图;然后结合综合评价模型进行 GIS 图层叠加,生成综合影响图。GIS 图层叠加是将各个数据层叠置产生新的数据层,新的数据层综合了所有原数据层的空间属性和特征值。叠加分析不仅生成新的空间关系,还将原本数据层的属性关系联系起来产生新的属性关系。

综合影响图不仅能直观表现出各个栅格数据属性的综合分布情况,还能通过色彩的深浅表达出通风潜力的大小,颜色越深就表示分值越高,通风能力越强,形成空气引导通道的潜力也就越大。

2.2.3 风特征量化分析

在构建城市风道时,必须针对所研究的城市进行全面的风环境分析,了解城市内部基本的气候状况,确定城市的主导风向。

1. 城市风环境表征

城市微气候与城市建成环境联系密切,能直接而敏感地反映城市空间形态对城市气候的影响。城市风环境是城市微气候的重要组成部分,与城市湿环境、热岛效应、空气污染以及开敞空间的热舒适度等问题均有关联。城市中的自然风指的是由于风压差和热压差产生的风,而非机械

式通风,其在城市空间位置上的分布特征称为风环境或风场。依据从宏观到微观不同的尺度和分布特征,可将城市风环境分为三类(见图2-13)①:

(1)城市盛行风,表示同一方向水平流过城市的主导风,主要影响城市宏观尺度。

(2)中观尺度的热力环流,城市内部由于复杂的下垫面和热力属性,各区域之间形成热力环流,或者城区与郊区之间由于气温差异形成的热岛环流。

(3)微观尺度的湍流,城市街道内部由于受辐射不均或者建筑群间的阻碍而形成的小范围不规则的风。

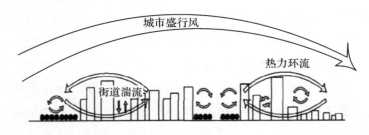

图 2-13　城市风场示意图

本章的特点是从城市宏观尺度出发确定风道,尽量不涉及计算机数值模拟城市风环境。因此,基于研究尺度、研究手段的考虑,主要以城市盛行风的研究为主,兼顾中观尺度的热力环流和热岛环流。

2.风向与城市风道的关系

朱瑞兆就我国600多个风向频率玫瑰图进行研究,将其按照地理区划分布在地图上,依据各地风向的特点,将我国宏观尺度风向类型分为四个大区七个小区②。

(1)季节变化区:城市的盛行风向随季节变化而变化,夏季和冬季具有完全不同的主导风向,且风向相对较稳定。

(2)主导风向区:风向一年四季都以某个方向为主。

---

① 冯娴慧.城市的风环境效应与通风改善的规划途径分析[J].风景园林,2014(5):97—102.

② 朱瑞兆.风与城市规划[J].气象科技,1980(4):3—6.

（3）无主导风向区：风向变化飘忽不定，全年都没有一个主导风向，常采用合成风公式计算合成风速和风向，用以指导城市风道构建。

（4）准静止风型区：年平均风速 1.0m/s 及以下，且每年平均出现静风频率在 50%～60% 的地区。

综上所述，虽然不同的城市具有不同的风向类型，但每个城市都有其主导风向：季节变化区通常有夏季和冬季两个主导风向；主导风向区就以其主要风向为主导风向；无主导风向区则以合成风向区为主导风向；准静止风型区也会有主要风向。城市主导风向对城市风道布局具有十分重大的影响，应将二者结合起来考虑。根据朱亚斓等的研究[1]，城市风道的布局可依据平行四边形原理（见图 2-14），主张城市风道的进气通道与城市主导风向成一定偏角，使得气流分开两侧进入城市；城市风道的排气通道则尽量与城市主导风向一致，便于污染的空气被迅速排出。根据 Givoni 的研究，要使城市风道的通风效应达到最大，风道走向应与夏季主导风向成 20°～30° 的夹角[2]。在实际的风道构建过程中，由于现有条件或者地形等因素的限制，难以切实保证城市风道走向与主导风向平行或者呈现具体的角度。据以往的经验总结，城市风道的走向与主导风向的角度控制在 45° 之内即可。

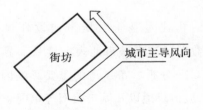

图 2-14　城市风道与风向的关系

总之，城市主导风向在一定程度上控制着城市风道的走向，风道的走向要顺应城市主导风向。因此，构建城市风道时，应做好各类调研，并结合气象站的气象资料，确定城市的主导风向，为城市风道构建的合理性和

①　朱亚斓，余莉莉，丁绍刚. 城市通风道在改善城市环境中的运用[J]. 城市发展研究，2008，15(1)：46—49.

②　Givoni，B. Climate Considerations in Building and Urban Design [M]. New York：A Division of International Thomson Publishing Inc，1998.

正确性提供保证。

　　3.城市主导风向的确定

　　首先,根据所研究地区的区域地理位置确定其风向类型。若属于季节变化区,有夏季和冬季两个主导风向且差异较大,则需分别绘制夏季和冬季的风玫瑰图;若属于其他风向类型区,则无须区分夏季和冬季。城市风玫瑰图是基于城市基本气象站点的数据统计绘制而成的。通过城市风玫瑰图的绘制和解读,能准确清晰地读出城市的主导风向。风向频率最高的方位代表着城市的主导风向。但是,由于城市建设、热岛环流、地形地貌的影响,城市内部各区块的主导风向并不一定与基本气象站点的主导风向一致。因此,风玫瑰图的绘制应遴选并收集多个自动气象站点的数据,每个自动气象站点依照收集的数据绘制一个风玫瑰图,并将绘制的风玫瑰图与收集站点的地理位置逐一对应分布在城市平面图上,形成城市风玫瑰空间分布图,以此为风道的确定提供依据。通常地,自动气象站点数量越多、数据记录越完整的城市所绘制成的风玫瑰空间分布图对城市风道构建的指导意义越大。

2.2.4　城市潜在风道确定路径

　　城市潜在风道的构建是基于对城市建设环境的综合分析,运用Landsat 8遥感影像数据反演出城市地表温度从而界定出城市的作用空间和补偿空间;运用GIS分析城市风道的重要影响因素,形成建筑高度、建筑密度、城市水体、城市绿地以及城市路网等单因子影响图;再运用GIS叠加分析功能对单因子分析图进行叠加,形成空气引导通道风流通潜力图;依据气象站点基础气象数据绘制风玫瑰图,并判定出城市的主导风向;最后依据补偿空间、作用空间、空气引导通道潜力影响图以及城市的主导风向,综合分析构建出城市潜在风道(见图2-15)。

　　在城市潜在风道构建形成的基础上,依据作用空间和补偿空间的影响、空气引导通道通风潜力的大小以及是否顺应城市主导风向的原则,将城市风道分为一级风道和二级风道。一级风道指能有效串接各主要补偿空间,空气引导通道的通风潜力分值较大且顺应城市主导风向的通道,其通常包含了城市中面积大或者红线宽度宽的水体、绿地、山体、耕地以及

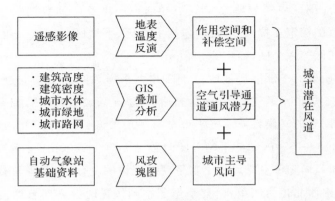

图 2-15　城市潜在风道构建流程

绿带等自然因素。二级风道能串接的补偿空间数量、空气引导通道的通风潜力值以及风向角度一般不如一级风道,但也具有较强的通风潜力,其主要包含城市次一级河道、绿地、山体以及城市路网等。

2.3　杭州市城市潜在风道构建实例探索

2.3.1　研究区域概况

杭州市位于中国东南沿海北部,是浙江省省会兼政治、经济和科教文化中心,市区中心的地理坐标为东经 120°12′,北纬 30°16′,具体位置在长江三角洲南翼、钱塘江下游、杭州湾西侧以及京杭大运河的南端,地形复杂多样。杭州山水相依、湖城合璧,有着江、河、湖、山交融的环境,全市山体、平原和水系的比例大致为 7∶3∶1。杭州市共有 10 个市辖区,包括上城区、下城区、拱墅区、江干区、西湖区、滨江区、余杭区、萧山区、富阳区以及临安区。2018 年年末,杭州全市总户籍人口达 980.60 万,市区总户籍人口达 774.10 万人①,全市人口密度为 436 人/km²,其中市区为 1435 人/km²。

萧山区、余杭区以及富阳区用地范围广且类型杂,更多的是乡镇、村落、农田、山体等具有缓解功能的补偿空间。车水马龙、高楼林立的城市

---

① 　杭州统计信息网[DB/OL]. http://www.hzstats.gov.cn/,2016.

核心区比外围区更需要建立空气引导通道。再考虑到数据收集的困难性，研究范围锁定在杭州主城区，包括上城区、下城区、拱墅区、西湖区、江干区、滨江区等六个区，面积共 683km²。

杭州所处的东部沿海地区位于西北太平洋和欧亚大陆的过渡带上，属于典型亚热带季风气候区，雨量充沛、四季显著、冬冷夏热，拥有良好的光、热、水同季的气候特征。杭州市全年平均气温约 16～17℃，年平均降水量在 1400～1550mm，年平均日照时数为 1700～2000h。受东亚季风的影响，杭州风向随冬夏季风的交替呈现有规律的变化，由冬季至夏季按顺时针方向由西北转为西南，由夏季至冬季则按逆时针方向自西南转为西北。统计近 30 年风速的数据，杭州城区的年平均风速为 2.14m/s，夏季的平均风速为 2.08m/s。

由于杭州西高东低的地形条件，自西向东依次为山地、丘陵以及平原，不利于杭州城区内污染物和颗粒物的稀释和排放，加上近 10 年来杭州市区的平均风速偏小，污染稀释条件差，易诱发雾霾天气。曹俊元等利用 1951—2013 年的地面观测资料对杭州的雾霾天气进行了综合分析，得知进入 21 世纪以来，杭州的雾霾天数呈现跳跃式猛增趋势[①]。其中，秋冬季节是雾霾高发期，每月雾霾天数高达 20～30 天。

随着杭州经济的大力发展和城市的逐步扩张，城市的热环境也悄然发生着变化。陈柯辰利用 1961—2012 年杭州基准站逐日气温资料进行研究，发现这 50 年间杭州的季节分配发生了不容忽视的变化，夏季明显变长而冬季明显缩短，高温天气显著增多[②]。分析 1986—2015 年杭州基准气象站的逐月气温数据，发现杭州这 30 年间的年平均气温确实呈现明显的增长趋势（见图 2-16），高于全国平均的爬升趋势。此外，近年来杭州私家车保有量、空调使用数量迅速上升，大量的人为热排向室外，进一步加剧了城市的热岛效应。据统计，杭州主城区 20 世纪 90 年代人为热排放量为 83.63W·m⁻²，至 2010 年时，人为热排放量已达 287.17W·m⁻²，

① 曹俊元，周娟，曾宪忠.杭州地区霾的气候特征分析及预报[R].兰州：兰州大学，2014：9.
② 陈柯辰.1961—2012 年杭州的升温趋势和四季分配之变化[J].中国农学通报，2013(35)：345－350.

尤以上城区、下城区及拱墅区等核心区的涨幅最大[①]。

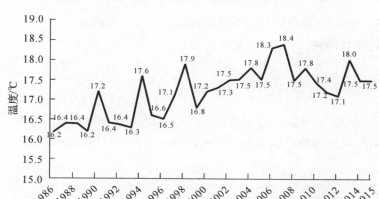

图 2-16　1986—2015 年杭州城区的年平均气温

因此,无论是日益严重的城市热岛效应还是逐渐增多的雾霾天气都需要良好的通风环境,杭州主城区城市风道的构建迫在眉睫。

2.3.2　杭州城市作用空间和补偿空间的分析

1. 地表温度反演及分析

本书采用多时相的 Landsat 遥感影像数据,数据来源于中国科学院地理空间数据云平台(网址:http://www.gscloud.cn)。选取遥感影像数据的卫星过境时间为 2015 年 5 月 22 日,条带号为 119,行编号为 39,云量为2.88%。数据具有 11 个波段,选取其中的第 10 波段作为单波段热红外数据使用。利用多项式纠正模型对影像数据进行几何精校正,采取三次多项式变化,选取 10 个均匀分布的控制点进行精校正,校正的基准图为经过校准的 2004 年杭州市 Landsat TM 影像图,同时采用直方图匹配法将遥感影像的每一波段灰度值减去各自波段的最小灰度值,从而达到大气校正目的。

采用基于影像的反演方法,按照 2.1 节的步骤对杭州地表温度进行反演。首先根据式(2-11)将像元灰度值(DN 值)转换为辐射亮度值:

① 朱婷媛. 基于 Landsat 遥感影像的杭州城市人为热定量估算研究[D]. 杭州:浙江大学,2015.

$$L_{10} = 3.3420 \times 10^{-4} \times Q_{cal} + 0.1 \tag{2-11}$$

式中：L_{10} 为第 10 波段的辐射亮度值；Q_{cal} 为像元灰度值。

其次，利用式(2-12)求取地表亮温：

$$T_{10} = \frac{1321.08}{\ln\left(1 + \dfrac{774.89}{L_{10}}\right)} \tag{2-12}$$

式中：T_{10} 为第 10 波段的地表亮温值；L_{10} 为第 10 波段的辐射亮度值。

再次，利用地物比辐射率对亮温作进一步校正，以获取地表温度：

$$T_s = \left(\frac{T_{10}}{1 + 10.9 \times \dfrac{T_{10}}{1.438 \times 10^{-2}}}\right) \times \ln\varepsilon \tag{2-13}$$

式中：T_s 地表温度；T_{10} 为第 10 波段的地表亮温值；ε 为地表比辐射率。

最后，将绝对温度减去 273.15K 转化为摄氏温度，得到地表温度反演结果如图 2-17 所示。

图 2-17　杭州市地表温度反演图

由图 2-17 可以看出，杭州主城区的地表温度要明显高于周边郊区，总体呈现核心高、外围低的特征。从空间分布特征出发，杭州主城区的高温度区主要分布在武林核心商圈（河坊街、环城北路以及秋涛路附近）、城西成片的密集居住区（翠苑、益乐新村、古荡新村）、下城区和拱墅区内未搬迁的工厂区以及下沙的经济技术开发区。大面积的水域、山体对城市地表具有显著的降温作用,杭州的低温区主要分布在具有大量山体的西湖区、大面积水域的钱塘江、绿化覆盖率较高的半山森林公园地块以及白马湖附近。其中,钱塘江的降温作用最明显,是城市中地表温度最低的地方。在城市核心区,地表温度的高低也各不相同,"高峰"和"峡谷"交替出现,说明城市下垫面性质的差异造成地表温度差异明显。如京杭大运河两侧的温度明显低于周边地区,形成天然的低温廊道,为城市风道的构建提供了可能。

2. 作用空间和补偿空间的确定

依据前文对杭州主城区地表温度的反演与高温区分析的结果,结合城市老城区、工业园区、大型交通枢纽区、CBD 核心区以及居住密集区的空间分布情况,确定杭州主城区的作用空间如图 2-18 中的 A1 至 A16。其中:A1 为下沙工业园;A2 为近江工业园区;A3 为火车东站地区;A4 为四季青及周边地区;A5 为杭州汽车南站地区;A6 为武林核心地区;A7 为打铁关地区;A8 为黄龙体育中心地区;A9 为文二路两侧地区;A10 为西城广场及周边工业区;A11 为北部软件园及周边工厂区;A12 为沈半路西侧工厂区;A13 为新华经济园;A14 为杭州钢铁集团基地;A15 为西陵机电及周边工厂区;A16 为康恩贝制药及周边工厂区。

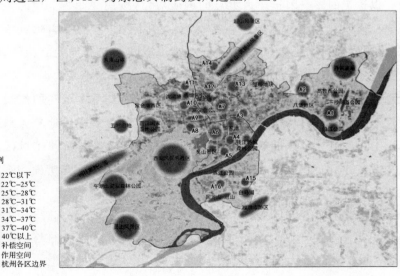

图 2-18　杭州主城区作用空间和补偿空间示意图

依据前文杭州主城区地表温度反演与低温区分析结果,结合城郊农田耕地、山体林地、水域以及城市大型公园的空间分布情况,确定杭州主城区的补偿空间见图 2-18。

从分类角度出发,补偿空间可分为冷空气生成区域的补偿空间和热补偿空间。

(1)山体、湖泊以及水体面积较大,可作为城市冷空气生成区域的补偿空间,主要有钱塘江、西湖风景名胜区、午潮山国家森林公园、灵山风景区、闲林郊野公园、西溪国家湿地公园和五常湿地、外围良渚山体、半山—皋亭山—黄鹤山风景区、超山风景区、乔司农场以及湘湖旅游区。

(2)城市内部绿地可有效缓解周边地区闷热和热岛效应,是城市重要的热补偿空间,主要有京杭大运河、紫金港西区、沈家塘、西塘河公园、城北体育公园、富义仓公园、华家池、吴山景区、钱江新城森林公园、笕桥地块、滨江公园、回龙山—冠山、白马湖、八堡地区、高教西公园、下沙河道公园以及沿江公园等。

2.3.3 杭州空气引导通道的分析

1.数据获取与数据库建立

以选定的影响因子作为重点的调研对象,按照 2.2.2 节中的要求进行实地调研和相关数据收集。需收集的基础数据包括平均建筑密度估算、平均建筑高度估算、绿地系统分布情况以及面状绿地的面积统计、带状绿地的红线宽度统计、城市水系分布情况以及面状水系的面积统计、带状水系的红线宽度统计、城市路网的分布情况以及主次干路的红线宽度统计等。其中,平均建筑密度和平均建筑高度需建立在用地单元划分的基础上。本研究结合杭州市规划管理的三、四级分区将杭州主城区划分成 108 个单元(见图 2-19),然后估算每个单元的平均建筑密度和平均建筑高度。

数据库的建立以 ArcGIS 为操作平台,将上述基础数据导入,进行数据的录入、校正和纠偏,并将所有图层转化为利于计算的栅格格式。由 108 个用地单元和平均建筑密度数据以及平均建筑高度数据生成平均建筑密度分布图、平均建筑高度分布图;由城市绿地空间分布情况和面积、

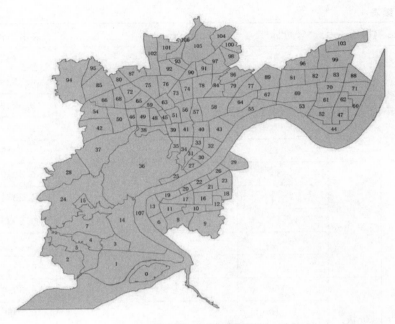

图 2-19　主城区单元划分

宽度统计数据生成城市绿地分布图;由城市水系空间分布情况和面积、宽度统计数据形成城市水系分布图;由城市路网分布情况和宽度统计数据生成城市路网分布图,并将这些图作为单因子分析的基础底图。

　　综合考虑研究范围内的空气引导的需求,对杭州主城区风流通的潜力进行综合评价,按照 2.2.2 节中的评价标准和 2.2.2 节中采用的序关系分析法确定的建筑密度、建筑高度、城市绿地、城市水体以及城市路网等影响因子的赋值和权重,建立综合评价指标体系如表 2-7 所示。

表 2-7　城市风流通潜力影响因子综合评价体系

影响因子	评价标准	赋值/分	权重	总潜力值
平均建筑密度	41%~50%	1	0.1469	0.1469
	31%~40%	2		0.2938
	21%~30%	3		0.4407
	10%~20%	4		0.5876
	<10%	5		0.7345

续表

影响因子		评价标准	赋值/分	权重	总潜力值
平均建筑高度/层		>9	1	0.1763	0.1763
		7～9	2		0.3526
		4～6	3		0.5289
		1～3	4		0.7052
		<1	5		0.8815
城市绿地	面状：面积/hm²	>80	5	0.0846	0.4230
		51～80	4		0.3384
		31～50	3		0.2538
		10～30	2		0.1692
		<10	1		0.0846
	带状：红线宽度/m	>100	5	0.1270	0.6350
		81～100	4		0.5080
		61～80	3		0.3810
		40～60	2		0.2540
		<40	1		0.1270
城市水体	面状：面积/hm²	>500	5	0.1016	0.5080
		301～500	4		0.4064
		201～300	3		0.3048
		50～200	2		0.2032
		<50	1		0.1016
	线状：宽度/m	>80	5	0.1523	0.7615
		61～80	4		0.6092
		41～60	3		0.4569
		20～40	2		0.3046
		<20	1		0.1523

续表

影响因子	评价标准	赋值/分	权重	总潜力值
城市路幅宽度/m	＞50	5	0.2116	1.0580
	43~50	4		0.8464
	37~42	3		0.6348
	24~36	2		0.4232
	＜24	1		0.2116

5. 单因子评价结果分析

(1)杭州的建筑密度

采样收集并统计六个区的建筑密度数据,经过分析计算得出六个区的最小建筑密度、最大建筑密度以及平均建筑密度,如图 2-20 所示,其中平均建筑密度最能说明其对风流通的影响。从图 2-20 中可知,上城区、下城区的平均建筑密度明显高于其他区块,而包含众多山体水系的西湖区的平均建筑密度最小,拱墅区、江干区和滨江区的平均建筑密度相互间基本持平。因此,西湖区整体的风流通潜力相对于其他区块较大,而建筑密集、绿地稀缺的上城区和下城区不利于风的穿越。

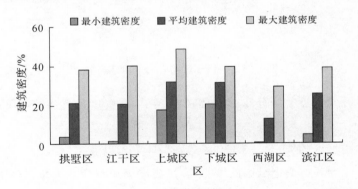

图 2-20 杭州各区建筑密度分布

具体到每个区块内部建筑密度的分布情况需通过单因子影响图表达。依据主城区划分的 108 个单元、建筑密度的调研数据以及分级赋值情况,利用 ArcGIS 平台生成了建筑密度的单因子影响因素图,如图 2-21 所示。图中颜色越深表示分值越低,越不利于风的流通。从建筑密度空间分布总体特征来看,西湖的西南侧分布着众多山体、湿地,建筑物分布很少,建筑密度数值小于10%,有利于城市通风;西湖东北侧的建筑密度以西湖为核心向东北呈扇形展开,从核心区向外呈递减的趋势,离核心区越远,城市的集聚效应越弱,建筑密度也越低。

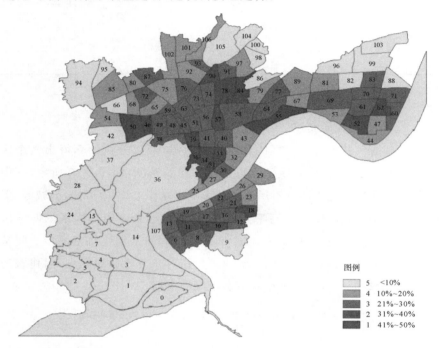

图 2-21　单因子影响——平均建筑密度

从建筑密度空间分布的具体情况入手,高密度单元主要分布在以下单元中:

1)上城区的 31 号、33 号、34 号、35 号单元以及下城区的 39 号单元,该部分单元是杭州老城区的核心,人口高度聚集且商业繁华,老式住宅夹杂着密集的历史街区。

2)西湖区的 46 号、50 号以及 49 号单元,该部分单元是城西大型住宅区,以多层为主并集中分布多处低矮密集的城中村农民房,如骆家庄、五联西苑等。

3)下城区的 90 号、91 号、78 号单元以及江干区的 57 号、84 号、55 号单元,该部分单元包含着部分村镇,如笕桥、六堡等,其中笕桥属于城乡接合部,以 3~4 层的农民房为主,且掺杂着稠密低矮的工厂房。

4)江干区的 52 号、62 号单元,该两个单元是下沙的工业园区,厂房稠密、建筑密集。

5)滨江区的 10 号、11 号单元,该两个单元位于浦沿镇和长河镇上,未完全城镇化,散布着大量密集农民房。

上述高密度单元,密集的建筑增加了城市下垫面的粗糙度,不利于城市风的流通。

(2)杭州的建筑高度

由于建筑高度比较难统计,首先在统计出建筑密度的基础上,估算出每个单元的容积率,然后利用公式

$$单元建筑平均层数 = \frac{单元容积率}{单元建筑密度}$$

进行估算,得出每个单元的平均建筑高度①。统计主城六个区的建筑密度、容积率的数据,计算获得各区的平均建筑高度、最小建筑高度、最大建筑高度,如图 2-22 所示。

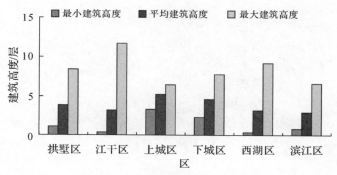

图 2-22　杭州各区建筑高度分析

从图 2-22 可知,平均建筑高度从高到低的排序是上城区、下城区、拱墅区、江干区、西湖区、滨江区;最大建筑高度从高到低的排序则为江干区、西湖区、拱墅区、下城区、滨江区、上城区。上城区和下城区的平均建

---

① 总建筑面积=总用地面积×容积率;建筑密度=建筑占地面积(约等于建筑底层面积)÷总用地面积,即建筑占地面积(约等于建筑底层面积)=建筑密度×总用地面积;因此,在标准层与底层建筑面积差不多的时候,建筑平均层数=总建筑面积÷建筑占地面积≈容积率÷建筑密度。

筑高度处于相对领先的位置,但最大建筑高度排名却垫底,这是因为杭州为保护西湖天际线而实行了严格的建筑控高制度,离景区越近,高度控制越严格。上城区和下城区,尤其是上城区紧靠西子湖畔,是建筑控高的核心地带,为保护城市的文化底蕴而少建高楼,但作为城市的核心区,资金集聚、地价昂贵,必然会擦着控制高度的上限密集建设,因此虽鲜有高楼,但整体平均建筑高度遥遥领先。从城市空气流通的角度出发,最大建筑高度排名靠前但平均建筑高度不高的西湖区、江干区要比平均建筑密度高的上城区、下城区更利于风的穿越。

　　依据主城区划分的 108 个单元、容积率的调研数据以及分级赋值情况,利用 ArcGIS 平台生成了建筑高度的单因子影响因素图,如图 2-23 所示,颜色越深表示分值越低,越不利于风的流通。从建筑高度空间分布总体特征来看,紧紧围绕西湖核心区的单元平均建筑高度并不高,如 25 号、35 号、38 号单元。杭州主城区的高层建筑主要分布在以下几处:

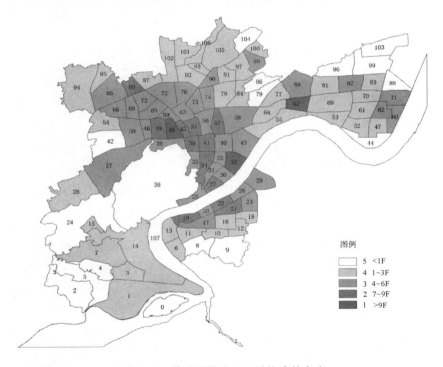

图 2-23　单因子影响——平均建筑高度

1）下城区的 39 号、41 号、51 号单元，拱墅区南部的 45 号单元以及西湖区东侧的 48 号单元等，该部分单元是以杭州大厦、西湖文化广场为核心的市中心，市中心土地的稀缺性使得高层建筑成为必然。

2）江干区的 32 号单元、上城区的 27 号单元以及滨江区的 19 号、22 号单元，该部分单元是沿钱塘江的两侧布局的，钱塘江的滨河风景促生了大批的高层江景房。钱塘江北岸以钱江新城为甚，大批的商务楼超过 80m，住宅楼层也在平均在 25 层上下；钱塘江南侧以滨江为例，高层建筑沿江一字排开，形成建筑屏风，阻碍城市风的流通。

3）拱墅区的 80 号单元、西湖区的 85 号单元以及江干区的 67 号单元，该部分单元是城市中的新区，不受周边建筑以及景区限高的影响，以高层新楼盘为主。

上述建筑高度超群的单元，建筑高度的增加会使得城市的迎风面积随之增加，阻碍自然风向城市内部渗透。

（3）杭州的城市绿地

采样收集并统计六个区的绿地面积数据，包括山体、湿地、农田、防护绿带、公园、街头绿地等，运算出每个区块所有绿地面积之和占总用地面积的比例，并形成柱状图，如图 2-24 所示。从图中可以看出，西湖区和拱墅区因存在大面积的山体，其绿地比例远远大于其他区块，而作为老城区的上城区和下城区，城市绿地相对缺乏，比例较低。绿地空间分布的具体情况通过带状和面状分别统计并加以说明。

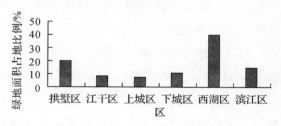

图 2-24　杭州各区城市绿地比例

城市中的面状绿地斑块能改善城市气候，产生冷空气，并与周边高开发强度的城市建成区的热空气循产生对流，形成城市微气候。依据调研数据和分级赋值情况，利用 ArcGIS 平台生成面状绿地面积的单因子影响因素图，如图 2-25 所示。图中，颜色越深的分值越高，表示绿地斑块的面

图 2-25　单因子影响——面状绿地面积图

积越大,内部生态环境越好,越有利于城市风道的构建。研究表明,当城市绿地斑块的面积超过 50hm²,其气候长期作用效果比较显著,能很好地充当城市冷岛的作用。由数据统计和图 2-25 绿地空间分布特征可知,杭州主城区超过 50hm² 的绿地主要包括以下几处:

1)西湖北、西、南三侧的低矮山体,面积 6564.1hm²,山体围绕西湖由西向东逶迤蜿蜒,紧靠上城区等城市核心区,是杭州市区最重要的冷空气来源。

2)杭州主城区外围西南侧的午潮山国家森林公园,面积 5100hm²,紧挨西湖绵延山体,与西湖国家森林公园连为一体,共同成为市区重要的新鲜空气来源。

3)主城区西侧的西溪国家湿地公园,面积 1150hm²,集池塘、沼泽、岛屿、绿地为一体,绿地绿化率超 85%,为主城区西部提供新鲜空气。

4)主城区东北侧山体半山—皋亭山—黄鹤山风景区—矮山—临平

山,总面积 2494.14hm²,山体绵延不绝、层峦叠翠,从东北角为城市提供冷空气。

5)钱塘江南侧靠近湘湖的华眉山、城山、柴岭山以及冠山、茅山等,相互连接成片,是滨江区和萧山区的重要冷气库。

上述绿地斑块比周边气温低,冷空气的再生产潜力强,是紧邻城区的冷气源。

带状绿地是空气流通和交换的重要载体,依据调研数据和分级赋值,利用 ArcGIS 平台生成带状绿地面积的单因子影响因素图,如图 2-26 所示。图中,颜色越深的分值越高,表示绿带宽度越宽,越有利于促进城市空气的交换。从绿带的空间分布特征可以看出,绿带主要沿自然水系以及城市快速路、主次干路等带状载体蜿蜒延伸。其中,沿自然水系延伸的绿带主要包括:钱塘江两侧绿带;贯穿杭州主城区的京杭大运河沿河绿带;横穿城西的余杭塘河绿带以及与之相接的上埠河、紫金港河、莲花港

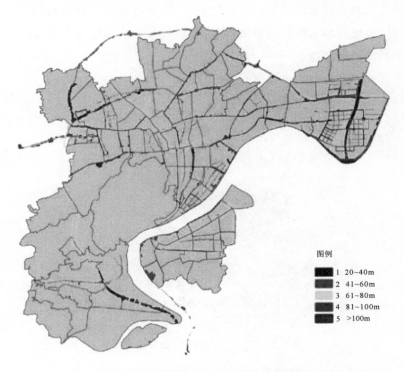

图例

1　20~40m
2　41~60m
3　61~80m
4　81~100m
5　>100m

图 2-26　单因子影响——带状绿地宽度

河、冯家河等两侧的绿地;从市中心往东北延伸的上塘河滨河绿带;南北向贯穿上城区的贴沙河和东河两侧的带状绿地。沿道路展开的绿带主要包括:绕城高速两侧宽为80～100m左右的防护绿带;东西向石祥路、德胜快速路、天目山路以及江南大道两侧的绿地;南北向绿带则相对较少,主要是下沙沪昆高速西侧200m左右宽的带状公园。上述带状城市绿地结合河流、道路布局构成城市绿地的骨架,与周边冷气库形成有机联系。

(4)杭州的城市水系

依据调研数据和分级赋值,利用ArcGIS平台生成面状水系面积的单因子影响图(如图2-27所示)和带状水系宽度的单因子影响因素图(如图2-28所示),两张图均为颜色越深,面积或宽度越大,越有利于城市新鲜空气的流通。从城市水系的空间分布特征来看,市中心的西湖以及南部的湘湖、白马湖是得分最高的湖泊,面积分别为639ha、497.48ha、11.3.3ha,在炎热的夏季易于形成"冷湖效应",对流通的热空气起到降温的作用。而带状水系则以横穿城区的钱塘江、贯穿南北的京杭大运河、核心区的贴沙河以及城西的余杭塘河分值最高,使得城市下垫面粗糙度显著减少,有利于风的流通穿越。

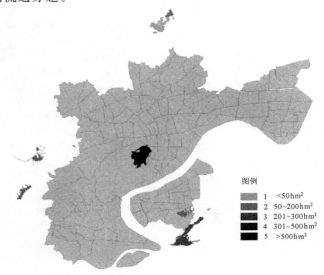

图例
1　<50hm²
2　50~200hm²
3　201~300hm²
4　301~500hm²
5　>500hm²

图 2-27　单因子影响——面状水系面积

(5)杭州的城市路网

路网作为城市空气流通的又一个重要空间载体,其路幅红线宽度值

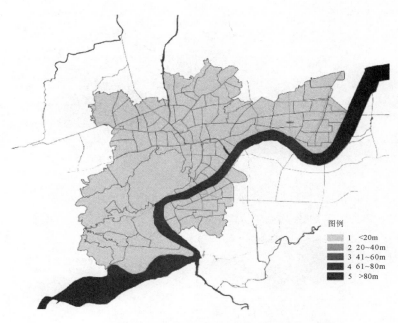

图 2-28　单因子影响——带状水系宽度

的大小对路网的通风能力至关重要。沈祺等通过实验模拟了常见路幅红线宽度(15m、24m、30m、40m)的通风情况。实验表明,对于各种宽度的道路,入口处的风速最大并随着距离的增加风速减慢,路幅宽度越宽,风速减缓得越慢。当宽度达到 30m 时,气流已经能充分流通到后半段且风速衰减减缓①。因此,本书主要调研了宽度在 30m 左右及以上的城市主次干路数据并分级赋值,利用 ArcGIS 平台生成城市路网的单因子影响因素图,如图 2-29 所示,图中颜色越深,分值越高,表示道路红线宽度越宽,越有利于风的流通。

　　从图 2-30 中可以看出,杭州主城区有数条分值为 5 的道路贯穿城市南北和东西,其中包括"两纵四横"的高架道路,分别为横向的留石高架、德胜高架、彩虹快速路、机场高速,以及纵向的上塘高架—中河高架—时代大道和秋石高架。高架道路虽然有助于上层路面污染物的快速排放,

①　沈祺,王国砚,顾明.某商业街区建筑风压及风环境数值模拟[J].力学季刊,2007,28(4):661-666.

图 2-29　单因子影响——城市路网

图 2-30　主城区高架路网

但高架桥下层构造复杂,污染物淤积,不利于空气的流动更新,所以其赋值不能仅仅考虑道路红线宽度,要依据实际通风情况扣除相应分数。本研究将高架路网在原赋值的基础上减去 2 分,生成新的路网单因素影响图(见图 2-31)。依据新的城市路网空间分布特征图,可以看出杭州主城区是典型的方格路网,东西向的高得分道路主要有石祥西路、余杭塘路、文一西路、天目山路—环城北路—艮山西路—艮山东路—下沙路—6 号大街、庆春路、解放路、江南大道、下沙路、金沙大道等;南北向的高得分道路主要包括紫金港路、丰潭路、登云路、教工路—大观路—沈半路、莫干山路、文晖路—天城路—同协路、延安路、钱江路、文泽路、1 号大街以及火炬大道等,其中东西向道路的路网密度要比南北向更密,且东西向的高得分路网要比南北向的高得分路网更连贯,更易形成完整的宽敞空气流通通道。

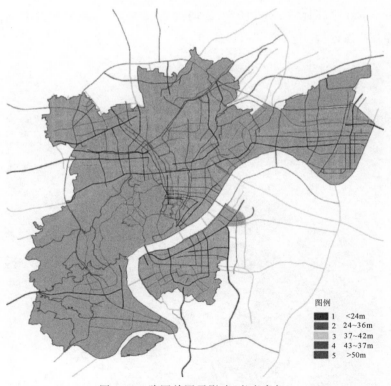

图 2-31　路网单因子影响(考虑高架)

6.综合因子评价结果分析

将各单影响因子影响图转换为栅格格式,按分级赋值重新分类,并依据表 2-6 的权重值进行叠加分析,生成城市风流通潜力的综合因子影响图,如图 2-32 所示,图中颜色越深表示该处风流通潜力越大,颜色越浅表示该处越不利于城市风的流通。从风流通潜力的分布特征可以看出,越靠近外围风流通潜力越大,越靠近城市核心区,风流通潜力越弱。上城区、下城区、拱墅区的南侧以及西湖区的东侧是风流通主要障碍区,不仅平均建筑高度高、建筑密集,而且作为老城区缺乏公园绿地,道路宽度相对较窄。依据城市风流通潜力的综合因子影响图判断可得:

(1)北、西、南三侧深色的半山公园、西溪湿地、西湖及周边山体、白马湖及周边山体是主城区新鲜空气的重要来源。

(2)钱塘江、京杭大运河、余杭塘河、贴沙河、石祥路、天目山路—艮山西路—下沙路、同协路—机场路、江南大道及 11 号大街等线性空间的通风潜力较强,适合作为空气引导通道。

图 2-32　风流通潜力综合因子影响

2.3.4 杭州城市风向分析

1.杭州市风向特征

为了更好地代表杭州市的气象数据,选取馒头山国家气象基准站作为杭州整体风玫瑰图绘制和分析的数据来源站。选取 2005—2015 年 10 年的数据,主要包括风速和风向,数据采样的时间间隔为 1h,采集点的海拔高度为 41.7m。依据采集数据绘制 10 年的风向风速频率玫瑰图,如图 2-33 所示。从图中可知,这 10 年间出现次数最多的风向是 SSW 风(南西南风),风向频率为 11.9%;其次是 NW 风(西北风),风向频率为 10.1%;再次为 NNW(北西北风),风向频率为 9.45%。全年存在多个盛行风向,主要可分为两个,一个风向介于 NW 和 N 之间(西北偏北风),另一个介于 SW 和 S 之间(西南偏南风)。统计得杭州主城区静风频率为 24.36%,平均风速为 2.08m/s,属于风较少的地区。

但是,依据图 2-33 判定可得,杭州属于季节变化区,夏季和冬季的风向差异明显,需绘制出其夏季风玫瑰图和冬季风玫瑰图,如图 2-34 和图 2-35 所示。从图中可知,夏季的主导风向为 SSW 风(南西南风),平均风速为 2.14m/s;冬季的主导风向为 NNW 风(北西北风),平均风速为 2.08m/s。

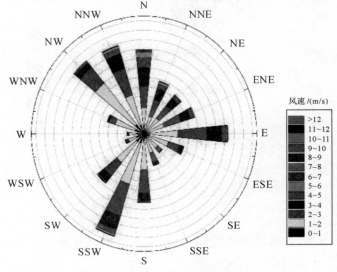

图 2-33 全年风向风速频率玫瑰图

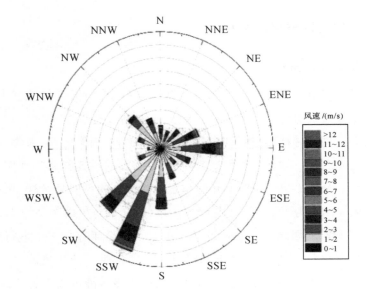

图 2-34　夏季风向风速频率玫瑰图

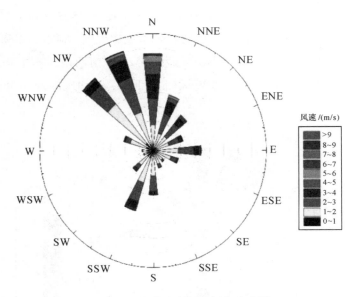

图 2-35　冬季风向风速频率玫瑰图

由此可知,杭州夏季和冬季的风向差异明显但风速非常接近,且风速
都比较小,属于风力等级中的轻风级别(1.6～3.4m/s),城市通风效果
不佳。

2. 主导风向分析

由上文分析可知,杭州夏季的盛行风向为偏西南风,冬季的盛行风向为偏西北风。由于城市下垫面的差异,城市内部各自动气象站点的风速风向存在差异,可选取典型的站点数据进行分析。杭州主城内有近百个自动气象站点,选取其中 15 个自动气象站点的数据,自动站点的空间分布位置如图 2-36 所示,收集到 2014 年的风向和风速数据(其中八堡站只有半年数据),风速和风向传感器距地高度为 10m。

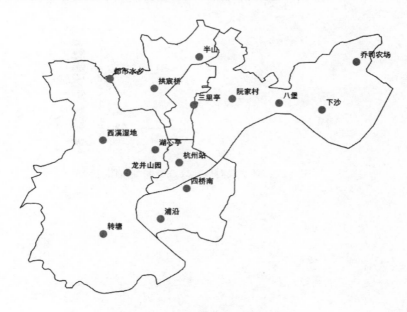

图 2-36　选取的自动气象站点

将收集的各个自动气象站点数据按照夏季(6 月、7 月、8 月)和冬季(12 月、1 月、2 月)分类整理,并绘制成风向风速玫瑰图,夏季如图 2-37 所示,冬季如图 2-38 所示,并统计各气象站点的气象数据得表 2-8。

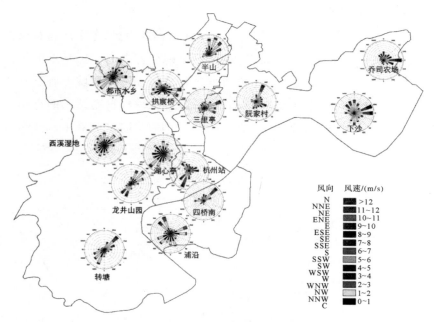

图 2-37　夏季风向风速玫瑰空间分布图

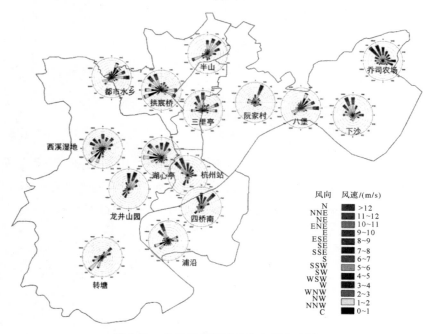

图 2-38　冬季风向风速玫瑰空间分布图

表 2-8　各自动气象站点的参数情况

自动气象站点	夏季最多风向	夏季最多风向频率/%	冬季最多风向	冬季最多风向频率/%
乔司农场	E	17.17	NW	12.46
下沙	ENE	11.28	NNW	13.62
八堡	—	—	E	14.78
阮家村	NNE	17.68	NNE	19.03
半山	NNE	15.12	NE	13.43
都市水乡	NNE	11.67	E	14.37
拱宸桥	E	12.77	NW	10.84
三里亭	ENE	9.89	N	13.43
西溪湿地	ENE	8.74	SW	9.77
湖心亭	SW	9.92	NW	10.87
杭州站	SSW	15.48	NNW	14.87
龙井山园	NE	14.09	NNE	16.04
四桥南	NE	21.97	NE	16.26
浦沿	NNW	10.1	NNW	13.54
转塘	NE	13.81	SW	17.03

　　将表 2-8 中夏季气象数据与图 2-37 综合起来分析,发现各自动气象站点的夏季风向与前文分析出的 SSW 风(南西南风)存在较大出入,各气象站点"最多风向"以 ENE、NNE、NE 为主,集中在北方位和东方位之间(东北方位),其中城市西南侧的转塘、龙井山园、湖心亭、杭州站等气象站点的西南方位风向频率也较大(由于城市西南侧有大量的山体和湿地,温度比城市核心区低,产生温度差,形成由西南方向流向城区的局地热力环流)。此外,由表 2-8 中的"最多风向频率"特征可知,城市核心区气象站点的"最多风向频率"值要比城市外围气象站点低,城市内部的风流通受到

建筑、下垫面、人流等的影响因素多,风的方向较为多变;而城市外围"最多风向频率"较大,风向相对单一。城市风道构建是将风引入城市,因此考虑更多的是冷空气的来源方向,而冷空气一般由城市外围大面积山体、绿地、湿地等温度较低的区域提供,因此,城市风道的构建对城市外围气象站点的风向考虑更多。综上分析可得,杭州主城区夏季的风向以东北风向和西南风向为主(见图 2-39)。

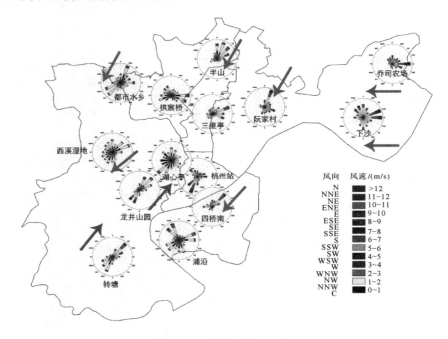

图 2-39   夏季主导风向分析

同理,将表 2-8 中冬季气象数据与图 2-38 综合起来分析。杭州冬季的风向要比夏季复杂多变,各气象站点的"最多风向"介于 N 和 W 之间的站点数量(西北方位)与介于 N 和 E 之间的站点数量(东北方位)平分秋色。其中存在大量山体、湿地等低温补偿空间的半山、阮家村、西溪湿地以及转塘等气象站点的风向都是由外围低温区吹向城区高温区,半山和阮家村吹东北风,转塘及西溪湿地吹西南风。综上,杭州主城区冬季的风向较为复杂,以东北风向、西北风向以及西南风向为主,且各风向频率比较相近(见图 2-40)。

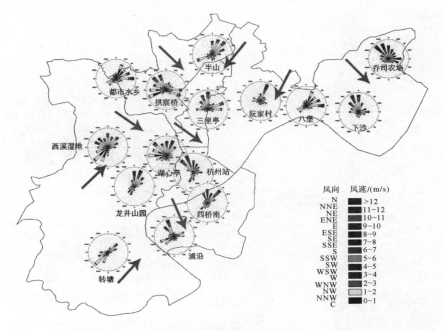

图 2-40　冬季主导风向分析

2.3.5　杭州主要潜在风道的构建

结合前文杭州主城区作用空间和补偿空间、空气引导通道通风潜力的分析,同时考虑夏季和冬季的主导风向特征,选定 10 个主要风道口,构建"两横四纵"六条潜在一级风道(分别用①、②、③、④、⑤、⑥表示),并建议了五条横向的潜在二级风道(分别用 A、B、C、D、E 表示)(见图 2-41)。其中,10 个主要风道口均位于冷空气来源方向,部分本身就是城市的冷气库,部分是郊区新鲜空气进入城市的入口,分别为乔司农场、笕桥地块、半山—皋亭山—黄鹤山风景区、城北外围农田、浙窑公园、午潮山国家森林公园及西湖风景名胜区、吴山景区、西溪湿地、滨江公园以及白马湖。

　　1.六条潜在一级风道

六条潜在一级风道根据主导风向的不同,又可分为三条以东北风向为主(兼顾西南),一条以西北风向为主(兼顾东南),以及两条以西南风向为主(兼顾东北),具体情况如下。

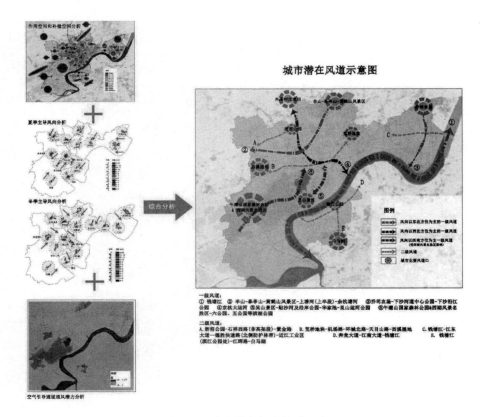

图 2-41　城市潜在风道构建示意

（1）钱塘江

钱塘江宽 1.2km 左右，是天然的河道型通风廊道，可双向引风入城。当风向以东北方位为主时，可引杭州湾凉爽的海风入城；当风向以西南方位为主时，可将来自富阳的冷空气导入杭城。通过水体的流动性和自然风带走城市中的部分废气、热气及受污染的空气，起到调节城市生态环境的作用。沿钱塘江设置垂直的绿带或道路，引导钱塘江凉爽的风进入城市核心区，缓解城市热岛效应。

（2）半山—皋亭山—黄鹤山风景区—上塘河（半段）—余杭塘河

半山—皋亭山—黄鹤山风景区是杭州东北方位较大的冷空气生成区域和新鲜空气输送点源，上塘河（半段）和余杭塘河自由流动的水体和两岸的绿地将城郊的冷空气和新鲜空气源源不断地输送进城市西北片区，有力地缓解了杭州城西和城北的热岛效应,尤其是杭州钢铁集团基地、沈半路西侧以及和城广场周边的老工业区等高温作用空间。

(3)乔司农场—下沙河道中心公园—下沙沿江公园

乔司农场有大片的耕地和农田,是最理想的冷空气生成区域。通过沿河的下沙河道中心公园连接到南边的下沙沿江公园并延伸至钱塘江,形成南北贯穿下沙的无阻碍城市风道,能带走下沙工业片区大部分的城市热量。

(4)京杭大运河

作为唯一一条贯穿南北的河道型风道,京杭大运河以宽阔的运河河道为依托,由沿河两岸条状的绿带、低开发强度的历史文化街区以及局部开阔的沿河公园构成,由北向南穿过运河新城、拱宸桥、大关、朝晖、闸弄口以及三堡等城市新老单元,最终汇入钱塘江。其可双向引风入城,当冬季风向以西北方位为主时,可将来自城市北郊农田和水巷的新鲜空气通过运河引入城市核心区;当雨季、台风季或者受局部热力环流的影响,风向以东南方位为主时,可将钱塘江的凉风引导入城,达到改善中心城区微气候以及缓解城市核心区热岛效应的目标。

(5)吴山景区—贴沙河及沿岸公园—华家池—艮山运河公园

吴山景区紧靠西湖风景名胜区,是城市中重要的冷空气生成区域。通过贴沙河由南向北串接凤山公园、候潮公园、横河公园、凯旋公园、华家池、城东公园等系列沿河公园绿地,最终与京杭大运河交汇于艮山运河公园,形成贯穿望江、潮鸣、凯旋、艮山等老城单元的重要通风廊道,对缓解老城周边地区的热岛效应具有不可替代的作用。

(6)午潮山国家森林公园和西湖风景名胜区—六公园、五公园等滨湖公园

午潮山属于天目山山脉的余脉,围绕其所形成的午潮山国家森林公园位于杭州外围西郊,面积 500 余公顷,森林覆盖率达 93%,是杭州城区最为重要的近郊林地。西湖风景名胜区以西湖为主体,北、西、南三面围绕着连绵的山体,构成了特殊的小气候环境,与午潮山国家森林公园一起为整个杭州城区提供强大的新鲜冷空气。在西南风向的作用下,以环绕西湖的五公园、六公园、湖滨公园等滨湖公园为风道口,借助垂直于西湖的主、次干路,如保俶路、环城西路、庆春路、解放路以及西湖大道等,将新

鲜冷空气源源不断地输送渗透进城市中心区,达到缓解城市热岛效应和雾霾污染的效果。

2.五条潜在的二级风道

五条潜在的二级风道均布于整个城市中,都是以城市主、次干路为依托,结合道路两侧的绿篱和防护绿带以及街头绿地,形成具有一定宽度的通风廊道。

(1)浙窑公园—石祥西路(非高架段)—紫金港

以浙窑公园为风道口,借助于宽阔的石祥西路及两侧绿化带,将京杭大运河的流动风引入城西,并借助沈家塘、紫金港西区等补偿空间的点源补充作用,起到缓解热岛效应的作用。

(2)笕桥地块—机场路—环城北路—天目山路—西溪湿地

笕桥地块作为城郊的镇,虽然局部建筑密集,但也夹杂着大片的农田,可作为城市的风道口。再通过绿化良好的机场路、环城北路、天目山路及其北侧紧挨着的沿山河连接到西溪湿地,形成道路型城市风道。

(3)钱塘江—江东大道—德胜快速路(北侧防护林带)—近江工业区

利用江东大道、德胜快速路与绕城之间宽阔的防护绿带及其北侧的河道,将钱塘江的凉风输送至近江工业园区,缓解工业释放的热量。

(4)奔竞大道—江南大道—钱塘江

此条风道横向贯穿了整个滨江区,借助奔竞大道、江南大道及其隔离绿带或者沿河绿带(后半段南侧有河),将东侧部队农场的冷空气引入滨江区。

(5)钱塘江(滨江公园处)—江晖路—白马湖

以临江的滨江公园为风道口,将钱塘江的风通过宽敞的江晖路引入城市,并与白马湖相衔接,共同为周边地区的降温散热提供保障。

2.3.6　杭州主要潜在风道的管控建议

为了实现城市风道规划的落地实施,针对前文所划定的杭州潜在风道提出具体的管控措施和建议(主要以一级潜在风道为主)。

1.钱塘江

钱塘江是杭州市最重要的一条纯天然风道,首先应保护好钱塘江本身的水环境质量,控制人为排污量,使风从钱塘江穿过时不会带有泥腥味或者恶臭味,保障空气质量。其次,加强沿江绿化景观带的建设,建议滨江两岸规划50～100m的平行带状绿地,与之垂直的河流、街道两侧也增设带状绿地,强调整体性,形成网络化的绿带系统。最后,为了保证风的通畅性和渗透性,要严格控制钱塘江两岸的建筑高度及其建筑布局方式,避免沿江矗立着大量连续排列的高层建筑,阻碍风的流通,可采用低密度的点状布置模式(如图 2-42 所示)或者前低后高的建筑组合模式(如图 2-43所示),减缓高层建筑对风的阻碍作用。

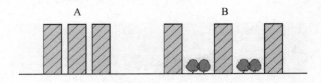

图 2-42　B 比 A 更利于风的穿透

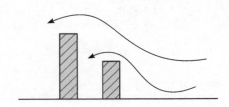

图 2-43　前低后高建筑组合模式侧面示意

2. 半山—皋亭山—黄鹤山风景区—上塘河(半段)—余杭塘河

首先,要保护好半山—皋亭山—黄鹤山风景区作为冷气库所需的自然生态环境,并将周边的杭州钢铁厂基地等工业用地搬迁掉,保证城市风道口环境的生态性和清洁性。其次,保障上塘河和余杭塘河两岸一定宽度的连续绿带,两侧的建筑高度控制在风道宽度的一半以内,保障风的流畅性和渗透性。着重处理上塘河西北岸的用地,将沈半路与上塘河所夹的带状工业用地置换成公园绿地或者低建筑密度低层建筑,既改善滨河街区的环境,又拓宽此条风道的宽度。最后,控制好上塘河(半段)与余杭塘河衔接地段(大关)的建筑高度和容积率,尽量避免高强度的开发,并增设小型绿地,实现两段河道型风道的有效衔接(如图 2-44 所示)。

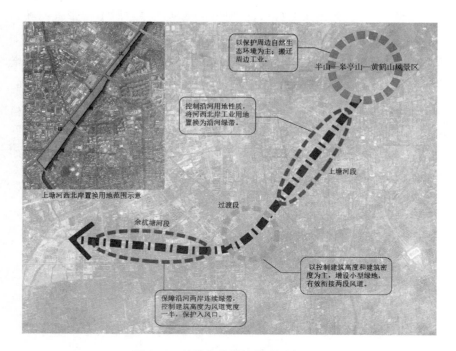

图 2-44　风道管控措施说明示意(一)

3.乔司农场—下沙河道中心公园—下沙沿江公园

首先,严格控制乔司农场的生态保护红线,严禁大片农田耕地被城市建设用地所蚕食,保障冷气库的面积。其次,下沙河道中心公园由西侧的河流、中心的公园绿地以及东侧沪昆高速的防护绿带所组成,总宽度达230~280m,通风效果良好,美中不足的是该风道的南侧被大片工业区堵住,阻碍了钱塘江风的渗透和导入。将1号大街以东、12号大街以南以及沪昆高速以西所夹三角地带的工业区置换成其他低污染、低产热的用地性质,至少保证沿1号大街侧留有200m宽的公园绿带,与北侧的下沙河道中心公园相衔接,形成完整通畅且宽度有保证的风道(见图2-45)。

4.京杭大运河

首先,应严格控制京杭大运河穿城段滨水空间的土地利用性质,保证一定的土地兼容性,但尽量避免高污染、高耗能、高产热的工业用地。其中,京杭大运河与钱塘江的交汇处是该条风道的重要的入风口,两侧的包装厂、塑料制品厂等工业用地性质应置换成公园绿地或者文化类用地,确

图 2-45　风道管控措施说明示意(二)

保入风口的风环境。其次,保护好建筑后退河道控制线,确保沿河道两岸有 30～50m 左右的绿化用地,以绿色植被为主,形成完整连续的绿色走廊。最后,如何将河道风引入两岸的建筑群对改善城市风环境至关重要,可通过预留沿河界面引风口的方式,具体来说:一是增加开口数量,沿河两岸增设小公园,进一步将河风渗透入城市建筑群;二是增大开口的尺度,尤其在京杭大运河与其他风道的重要节点交汇处(见图 2-46)。

5.吴山景区—贴沙河及沿岸公园—华家池—艮山运河公园

此风道在清泰街以北以贴沙河串接了艮山运河公园、城东公园、凯旋公园、青年公园、横河公园等多个引风入口,风道品质良好。重点是清泰街和望江路之间地段,河两岸密布低矮的厂棚,绿地缺乏并矗立着高产热的杭州城站。建议将杭州城站段河道两侧的低矮厂棚拆除,并置换成50m 宽的沿河绿带和局部的公园绿地,与南北两侧的沿河绿带有效衔接,串联成连续的绿地系统。此外,该风道穿越杭州的老城区,建筑密集且绿地缺乏。建议重点限制道路及河道两侧的建筑高度和建筑密度,并通过

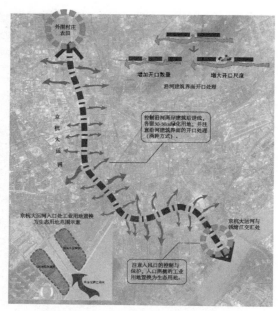

图 2-46　风道管控措施说明示意(三)

屋顶绿化、破墙透绿等立体绿化的方式增加绿化覆盖率,以改善地块内部气候环境(见图 2-47)。

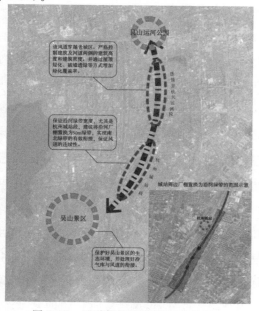

图 2-47　风道管控措施说明示意(四)

6. 午潮山国家森林公园和西湖风景名胜区—六公园、五公园等滨湖公园

　　午潮山国家森林公园和西湖风景名胜区会产生大量的冷空气和林地风,如何规划导风通道,将风引入城市内部是该风道需要考虑的核心问题。一方面,需严格控制西湖风景区四周环湖建筑的高度,西湖东侧的南山路、湖滨路以东至浣纱路地块以及凤起路以南至惠民路段的建筑高度控制在 18~20m 以内,西湖西侧的植物园、吴山景区等的建筑高度控制在 15m 以内,避免环湖核心区建筑对风的阻挡。另一方面,增设引风口和引风通道。四周设置垂直于西湖的引风通道(道路、河流、绿带等),并在其与西湖的交叉口处设置公园等作为入风口,使流向城市新鲜空气能畅通有效地导入至城市的各个区域(见图 2-48)。

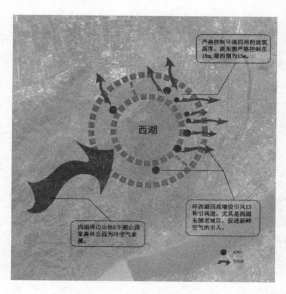

图 2-48　风道管控措施说明示意(五)

第3章 基于多孔介质简化模型的中尺度城市风道量化研究

3.1 多孔介质简化理论

多孔介质一般是指物体内部有许多微小的孔隙,孔隙间具有一定的连通性,并且在一定的条件下,流体可以通过其中微小的孔隙进行流动的固体介质[①]。多孔介质模型可以应用到各个领域,包括油气田开发工程、岩土工程、石油化工等[②]。此外,也被应用在化学反应、热交换、植物冠层和土壤力学等领域。对洞孔介质的模拟,比较典型的有单孔隙模型、毛细管模型、颗粒堆积模型等[③]。

通常可将多孔介质分为固体骨架和孔隙两部分,常用的描述多孔介质孔隙结构的方法主要是基于喉道、孔隙半径、迁曲度、孔隙度、渗透度等。经过研究发现,可以通过孔隙结构的适当信息,利用多孔介质的流动特性来构建多孔介质的微观模型,预测多孔介质中流体介质的流动特性。

将城市冠层作为多孔介质处理的方法已在多个相关领域得到广泛的讨论。先前研究中的一般多孔模型来源于代表性基本体积(REV)上的理

---

① 黄婧. 多孔介质孔隙结构研究综述[J]. 内江师范学院学报,2016,31(4):13—18.
② 杜新龙,康毅力,游利军. 多孔介质孔隙模型建立方法及应用研究进展[C]//渗流力学与工程的创新与实践——第十一届全国渗流力学学术大会论文集. 2011.
③ Lien F S, Yee E, Wilson J D. Numerical modelling of the turbulent flow developing within and over a 3-d building array, part iii: a istributed drag force approach, its implementation and application[J]. Boundary-Layer Meteorology, 2005, 114(2):287—313.

想建筑群体积风平均技术,并基于达西定律或其延伸定律。这些模型侧重于 REV 中的全局流动特性和忽略的详细流动信息。所有微观方程的体积平均技术都会产生几个额外的公式来模拟多孔介质中的黏性和阻力,从而为这些附加项提供闭合问题①。Antohe 和 Lage 在流体饱和和刚性多孔介质中数学上开发了用于高雷诺数不可压缩流动的双方程宏观湍流模型,其中闭合系数与标准 k-ε 中的相同。在对湍流模型的推导中,在对形状拖动进行建模时,仅保留了波动速度中线性的 Forchheimer 项②。在他们的结论中,对于渗透性小的多孔介质,固体基质的作用是抑制湍流,而在大渗透性的情况下,它可以增强或抑制湍流。Getachew 等指出,忽略高阶部分可能会失去 Forchheimer 公式中的一些重要影响,因为湍流的大多数统计特性都属于二阶相关项③。因此,他们将二阶关联项添加到 Forchheimer 公式中。额外的高阶项产生额外的相关系数。该模型由 Antohe 和 Lage 推导并由 Getachew 等人修改。Prakash 等人利用 Antohe 和 Lage 开发的多孔湍流模型和 LDV 可视化测量研究了多孔特征影响上覆流体层中低雷诺数流动的方式,以及其中的雷诺数、效果测量渗透率、流体层的高度和多孔介质的厚度,即研究了多孔泡沫的渗透性和上覆流体层的高度强烈地影响上覆流体区域中的流动模式,还证明了多孔区域与上覆透明流体区域之间相互作用的重要作用④。随后,Brown 等人对一组低层对齐的七排建筑阵列进行了详细的风洞试验($H=W=B=0.15\mathrm{m}$,由空气空隙占据的体积分数,即孔隙率 $\varphi=0.75$),使用脉冲线风

① Kuwahara F, Yamane T, Nakayama A. Large Eddy Simulation of Turbulent Flow in Porous Media [J]. International Communications in Heat and Mass Transfer, 2006, 33(4):411—418.

② Antohe B V, Lage J L. A general two-equation macroscopic turbulence model for incompressible flow in porous media[J]. International Journal of Heat and Mass Transfer, 1997, 40(13):3013—3024.

③ Getachew D, Minkowycz W J, Lage J L. A modified form of the κ-ε model for turbulent flows of an incompressible fluid in porous media [J]. International Journal of Heat & Mass Transfer, 2000, 43(16):2909—2915.

④ Prakash M, Turan Ö F, Li Y, et al. Impinging round jet studies in a cylindrical enclosure with and without a porous layer: Part I-Flow visualisations and simulations[J]. Chemical Engineering Science, 2001, 56(12):3855—3878.

速计(PWA)[①]。Santiago 等人基于 RANS 标准的 $k\varepsilon$ 湍流模型进行了详细的微观 CFD 模拟,并通过风洞数据详细验证了这种立方体阵列中的流动结构[②]。

此外,多孔介质方法在城市环境中的应用还主要体现在构建树木的参数化模型以及道路污染物的扩散问题上。遵循 Finnigan 关于植被冠层流动的模型[③],Coceal 和 Belcher 开发了理论模型,通过稀疏多孔立方体阵列(孔隙率=0.89)研究空间平均平均流量和宏观速度降低,其中障碍物之间的间隙很大[④]。Buccolieri 等通过风洞实验和数值模拟研究了行道树对城市街道峡谷中流量和交通污染物扩散的空气动力学效应,分析表明,街谷长宽比比值越大,树木对行人水平浓度的影响越小,并与树木的形态和排列无关[⑤]。Buccolieri 等在另一个研究中讨论了树木对理想化街谷构造中局部尺度流动和污染物浓度的空气动力学效应,与先前研究的比较表明,街道水平浓度主要取决于风向和街谷长宽比,而不是树冠孔隙度和林分密度[⑥]。Hang 等将城市冠层与建筑物和街道网络作为多孔介质,并使用多孔湍流模型宏观地研究城市气流。结果表明,在平行接近风的情况下,如果用合适的多孔参数建模,现有的多孔湍流模型可以很好地

① Brown M J, Lawson R E, Decroix D S, et al. Comparison of centerline velocity measurements obtained around 2D and 3D building arrays in a wind tunnel[C]// International Society of Environmental Hydraulics Conf. 2001.

② Santiago J L, Martilli A, Fernando Martín. CFD simulation of airflow over a regular array of cubes. Part I: Three-dimensional simulation of the flow and validation with wind-tunnel measurements [J]. Boundary-Layer Meteorology, 2007, 122(3):609−634.

③ Finnigan J. Turbulence in Plant Canopies[J]. Annual Review of Fluid Mechanics, 2000, 32(1):519−571.

④ Coceal O, Belcher S E. Mean Winds Through an Inhomogeneous Urban Canopy [J]. Boundary-Layer Meteorology, 2005, 115(1):47−68.

⑤ Buccolieri R, Gromke C, Sabatino S D, et al. Aerodynamic effects of trees on pollutant concentration in street canyons[J]. Science of the Total Environment, 2009, 407(19):5247−5256.

⑥ Buccolieri R, Salim S M, Leo L S, et al. Analysis of local scale tree-atmosphere interaction on pollutant concentration in idealized street canyons and application to a real urban junction[J]. Atmospheric Environment, 2011, 45(9):1702−1713.

预测多孔建筑物阵列的宏观平均流量,且计算量有效降低[①]。Salim 等探讨了将树木包含在城市风流数值模拟中的方法,发现使用多孔介质方法时具有显著的效果[②]。Jeanjean 等将树木看作多孔介质讨论了城市规模上树木分散道路交通排放的有效性,发现树木通过增加湍流使道路交通排放的环境浓度平均降低 7%[③]。此后,Jeanjean 等又分别研究了绿色基础设施对 PM 2.5 的扩散作用以及建筑形态和树木对马里波恩社区(伦敦市中心)空气污染物浓度的综合影响,结果表明树木可减少 9.0% 的 PM 2.5 浓度[④],并且在较低的风速下,空气动力学效应更为重要[⑤]。Kang 等实现了树拖参数化,并使用若干统计测量来验证针对风洞测量和大涡模拟数据的结果,并通过韩国的釜庆国立大学校园的模拟实验,表明校园内种植的树木有效地提高了行人风的舒适度[⑥]。

　　近年,国内也开展了将多孔介质模型应用到城市风环境的研究。胡汪洋采用微尺度 CFD 的方法对西安市一个建筑排列较为规则的小区进行了数值模拟,并利用现场测量验证了模拟结果的合理性[⑦]。2005 年,张

① Hang J, Li Y. Macroscopic simulations of turbulent flows through high-rise building arrays using a porous turbulence model[J]. Building & Environment, 2012, 49(none):41—54.

② Salim M H, K. Heinke Schlünzen, Grawe D. Including trees in the numerical simulations of the wind flow in urban areas: Should we care? [J]. Journal of Wind Engineering & Industrial Aerodynamics, 2015, 144:84—95.

③ Jeanjean A P R, Hinchliffe G, Mcmullan W A, et al. A CFD study on the effectiveness of trees to disperse road traffic emissions at a city scale[J]. Atmospheric Environment, 2015, 120:1—14.

④ Jeanjean A, Monks P S, Leigh R J. Modelling the effectiveness of urban trees and grass on PM2.5 reduction via dispersion and deposition at a city scale[J]. Atmospheric Environment, 2016:S1352231016307336.

⑤ Jeanjean A P R, Buccolieri R, Eddy J, et al. Air quality affected by trees in real street canyons: The case of Marylebone neighbourhood in central London[J]. Urban Forestry & Urban Greening, 2017, 22:41—53.

⑥ Kang G, Kim J J, Kim D J, et al. Development of a computational fluid dynamics model with tree drag parameterizations: Application to pedestrian wind comfort in an urban area[J]. Building and Environment, 2017, 124:209—218.

⑦ 胡汪洋. 城市建筑小区内区域微热环境的数值模拟分析[D]. 西安:西安交通大学,2004.

楠基于多孔介质模型对城市滨江大道风环境进行数值模拟研究,并提出了城市滨江大道可持续发展规划的有关协调判据、协调模型、定量指标等理论和方法①。之后,李甜甜等人采用体积平均技术和雷诺时均方程法建立了适用于城市湍流流动与换热的多孔介质数学模型,并利用微尺度数值模拟计算结果的空间体积平均对模型的有效性进行了验证,并合理地考虑城市热源在城市冠层内的空间分布,研究了建筑密度对城市热岛强度的影响②。石华运用多孔介质理论对物理模型进行了合理简化,并通过垂直高度上的分层,对每层的路网气流流动特征进行了分析,提出了城市通风网络模型③。顾兆林等人借鉴气固两相流的理论及曳力系数的处理方法,将建筑物作为不移动的拟颗粒群处理,提出了建筑物多孔介质单元数值模拟方法④。

　　上述国内外研究的动态表明,多孔介质模型可以在一定程度上简化原有的复杂模型,将数值模拟的过程简化,也使得模拟时间大大缩短。此外,城市风道规划方法的研究需要多学科综合,拓展新思路,应用新技术和新方法。但是,值得注意的是,当前对于利用多孔介质模型在风道应用的研究多是非城市规划相关人员进行的,缺乏从规划和整体的观点为城市建设发展提供新的思路,也使得现有的研究成果无法转化成实际效应,也很难向详细规划层次与深度推进,最终使城市风道规划落地实施。因此,城市风道的多孔介质模型量化模拟需要与我国城市规划与建设的实践相结合,将模型应用到实际案例中,为我国城市建设发展提供实践科学指导。

① 张楠.基于多孔介质模型的城市滨江大道风环境数值模拟研究[D].长沙:中南大学,2005.
② 李甜甜,俞炳丰,胡张保,等.建筑密度对城市热岛影响的多孔介质数值模拟[J].西安交通大学学报,2012,46(6):134-138.
③ 石华.基于深圳市道路气流特征的城市通风网络模型研究[D].重庆:重庆大学,2012.
④ 顾兆林,张云伟.城市与建筑风环境的大涡模拟方法及其应用[M].2014.

3.2　多孔介质理论模型及其参数化简化方案

3.2.1　湍流现象及其机理

　　地球表面覆盖着不同的粗糙元素,如农田、森林和城市区域,形成不同地表粗糙度的拼接图。这种广泛的复杂地表扰动了地表上的湍流,并影响控制了复杂地表与大气之间动量、热量和质量交换的过程。近年来,人口演变、文化科技发展和经济活动加速了城市化进程。建筑物综合体构成了巨大的城市中心,它们通常具有不规则的几何形状和间距,并呈现出一些最复杂的表面。

　　在研究城市风道和城市风环境时,主要研究的是湍流。而湍流是不规则的、多尺度、有结构的流动,一般是三维、非定常的,具有很强的扩散性和耗散性。从物理层面来看,湍流是由各种带有不同尺度和旋转结构的涡流叠合而成的,涡流的尺度和旋转结构具有随机性。大尺度的涡流主要由流场的边界条件决定,受惯性影响而存在,其尺度与流场的尺度在一个数量级上;小尺度的涡流主要是由黏性力决定,其尺度可能只有流场尺度的千分之一[①]。大涡流和小涡流分别将引起湍流的低频脉动和高频脉动。大涡流破裂后形成小涡流,涡流的尺度不断变小,大涡流从主流获得的能量也逐渐向小涡流传递。最后由于流体黏性的作用,小涡流逐渐消失,机械能转化为热能。同时,由于边界条件和速度梯度的作用,新的涡流又不断产生,在充分发展的湍流区域内,涡流的尺度能够在相对宽的范围内连续变化。

3.2.2　湍流计算方法

　　非稳态的连续方程和 Navier-Stokes 方程是研究湍流场的数学基础,也是在后续研究中建模模拟城市风场的理论基础。湍流场复杂多变,了解湍流流动的全部细节意义不大也无法实现。一般在实际的工程和研究

---

① 　张永胜.禹门口黄河斜拉桥风环境数值模拟研究[D].西安:长安大学,2007.

中,人们关心的是湍流所引起的平均流场变化。出于这样的考虑,出现了三种不同的湍流简化处理数学计算方法:雷诺时均模拟方法、尺度解析模拟方法和直接数值模拟方法。其中,因为雷诺时均模拟方法的计算效率高,计算精度能够满足工程和研究的基本需求,所以在流体模拟领域使用最广。本书也选择雷诺时均模拟方法作为后续研究的计算方法。

在雷诺时均模拟方法中,比较常用的模型包括 Spalart-Allmaras 模型、雷诺应力模型和 k-ε 模型等。其中,Spalart-Allmaras 模型相对简单,但是适用范围较小(有些复杂的工程流体不能适用);雷诺应力模型需要的计算资源太大,并且结果表明模拟结果并不总是优于 k-ε 模型;k-ε 模型使用范围广,有着经济合理的精度。

1. 标准 k-ε 模型

通常,人们较为常用的模型是 k-ε 模型,其主要是求解两个方程,即 k 方程和 ε 方程[①]。其中,湍流动能 k 和耗散率 ε 与黏性系数 μ 的关系为

$$\frac{\partial}{\partial t}(\rho k)+\frac{\partial}{\partial x_j}(\rho k u_j)=\frac{\partial}{\partial x_i}\Big[\Big(\mu+\frac{\mu_i}{\sigma_k}\Big)\frac{\partial k}{\partial x_j}\Big]+G_k-\rho\varepsilon+G_b+S_k$$

$$\frac{\partial}{\partial t}(\rho\varepsilon)+\frac{\partial}{\partial x_j}(\rho\varepsilon u_j)=\frac{\partial}{\partial x_i}\Big[\Big(\mu+\frac{\mu_i}{\sigma_\varepsilon}\Big)\frac{\partial\varepsilon}{\partial x_j}\Big]+C_{1\varepsilon}\frac{\varepsilon}{k}(G_k+C_{\mathscr{x}}G_b)$$

$$-C_{2\varepsilon}\rho\frac{\varepsilon^2}{k}+S_\varepsilon \tag{3-1}$$

式中:ρ 为流体密度;G_k 表示由层流速度梯度产生的湍流动能;G_b 是由浮力产生的湍流动能;$C_{1\varepsilon}$、$C_{2\varepsilon}$、$C_{3\varepsilon}$ 是经验系数;σ_ε 和 σ_k 是 k 方程和 ε 方程的湍流 Prandtl 数,S_k 和 S_ε 为自定义变量;μ 是流体动力黏度;湍流系数 $\mu_t=\rho C_\mu\dfrac{k^2}{\varepsilon}$,$C_\mu$ 是常数;u_j 是时均速度。

通常,系数一般采用 Launder 和 Spalding 推导出的值:

$$C_{1\varepsilon}=0.09, \quad C_{2\varepsilon}=1.14, \quad C_{3\varepsilon}=1.92, \quad \sigma_k=1.0, \quad \sigma_\varepsilon=1.3$$

2. 重整化 RNG k-ε 模型

重整化的 RNG k-ε 模型与标准 k-ε 模型十分相似,但在 ε 方程中加了

---

① Cheshmehzangi A, Yan Z, Bo L. Application of environmental performance analysis for urban design with Computational Fluid Dynamics(CFD) and EcoTect tools: The case of Cao Fei Dian eco-city, China[J]. International Journal of Sustainable Built Environment, 2017, 6(1):S2212609015300650.

一个条件,并考虑了湍流旋涡。在参数设置时,RNG k-ε 模型为湍流 Prandtl 数提供了考虑低雷诺数流动黏性的解析公式,因此提高了精度和可信度。其湍流动能 k 和耗散率 ε 的输运方程为[①]

$$\rho \frac{\mathrm{d}k}{\mathrm{d}t} = \frac{\partial}{\partial x_i} \left[(\alpha_k \mu_{\mathrm{eff}}) \frac{\partial k}{\partial x_i} \right] + G_k + G_b - \rho\varepsilon - Y_M$$

$$\rho \frac{\mathrm{d}\varepsilon}{\mathrm{d}t} = \frac{\partial}{\partial x_i} \left[(\alpha_\varepsilon \mu_{\mathrm{eff}}) \frac{\partial \varepsilon}{\partial x_i} \right] + C_{1\varepsilon} \frac{\varepsilon}{k} (G_k + C_{3\varepsilon} G_b) - C_{2\varepsilon}\rho \frac{\varepsilon^2}{k} - R \quad (3\text{-}2)$$

其中:G_k、G_b 的参数设置与标准 k-ε 模型中的相同。

湍流黏性系数的公式为

$$\mathrm{d}\left(\frac{\rho^2 k}{\sqrt{\varepsilon\mu}} \right) = 1.72 \frac{\bar{v}}{\sqrt{\bar{v}^3 - 1 - C_v}} \mathrm{d}\bar{v} \quad (3\text{-}3)$$

式中:$\bar{v} = \frac{\mu_{\mathrm{eff}}}{\mu}$,$C_v \approx 100$。

由于 RNG k-ε 模型提供了考虑低雷诺数流动黏性的解析公式,其对于近壁面区域的模拟结果比标准 k-ε 模型的结果具有更好的精度。因此,在 Fluent 数值模拟中,采用重整化的 RNG k-ε 模型进行模拟。

3.2.3　CFD 数值仿真模拟与多孔介质模型

CFD(Computational Fluid Dynamics)软件是计算流体力学软件的简称,是用来进行流场分析、计算以及预测的工具。20 世纪 60 年代至今,CFD 已经被广泛应用到建筑、环境、化工等相关的领域中。CFD 的应用前景好,这是由于它具有速度快、成本低的优点,并且可以用来模拟各种不同工况。利用 CFD 能对建筑外部的空气流动情况进行模拟和预测,有助于建筑师在进行建筑设计时全面考虑建筑物周围的微气候,减少建筑物对于环境的不利影响[②]。常用的 CFD 软件主要有 STAR-CD、Fluent、Phoenics 等。这些软件都具有完整的 CFD 处理流程,内置的物理模型能够分析各种流体力学的问题。相比较而言,由美国 FLUENT 公司开发的

---

① Lien F S, Leschziner M A. Modelling 2D separation from a high lift aerofoil with a non-linear eddy-viscosity model and second-moment closure[J]. Aeronautical Journal,1995,99(984).

② 金建伟.街区尺度室外热环境三维数值模拟研究[D].杭州:浙江大学,2010.

Fluent 系列软件及其通风系统设计专用软件包 Airpak 在易用性和可视化技术方面的优势,使它们尤其适合应用于可持续设计[①]。CFD 数值仿真模拟的理论基础包括湍流模型、能量守恒方程、质量守恒方程、动量守恒方程以及有限容积法的控制方程[②]。Fluent 软件能够针对不同物理问题的特点,采用适合于它的数值解法,并且能够在计算速度、精度以及稳定性方面达到最佳。其思想实际上就是做很多模块,这样只要判断是哪一种流场和边界,就可以拿已有的模型来计算[③]。由于研究区域属于中尺度的城市范围,内部建筑较多,为了简化计算,我们采用 Fluent 中的多孔介质模型。

多孔介质模型包括多孔介质模型中的动量方程、多孔介质模型中的能量方程及多孔介质模型中的湍流模型。

1. 多孔介质模型中的动量方程

多孔介质模型中的动量方程实际是在标准的动量方程后加上一个源项。而这个源项中又包括了两个部分,即黏性损失项(即达西公式)和惯性损失项[④]。方程为

$$S_i = -\left(\sum_{i=1}^{3} D_{ij} \mu v_j + \sum_{i=1}^{3} C_{ij} \frac{1}{2} \rho \mid v \mid v_j \right) \tag{3-4}$$

式中:S_i 是 x、y、z 三个方向上动量方程的源项;$\mid v_j \mid$ 表示速度;D 和 C 是矩阵,表示源项对多孔区域有压力梯度,生成一个速度相关的压降。

当该多孔介质为各向同性时,整个源项可表示为

$$S_i = -\left(\frac{\mu}{\alpha} v_i + C_2 \frac{1}{2} \rho \mid v \mid v_i \right) \tag{3-5}$$

式中:α 是渗透性系数;$\mid v \mid$ 是速度大小;C_2 是惯性阻力系数。当温度和压力一定时,牛顿流体黏度 μ 是常数。

---

①　徐昉.计算流体力学(CFD)在可持续设计中的应用[J].建筑学报,2004(8):65—67.

②　张圣武.基于数值模拟的杭州住区风环境分析研究[D].杭州:浙江大学,2016.

③　王福军.计算流体动力学分析——CFD 软件原理与应用[M].北京:清华大学出版社,2004.

④　Yakhot V, Orszag S A. Renormalization group analysis of turbulence. I. Basic theory[J]. Journal of Scientific Computing, 1986, 1(1):3—51.

根据达西定律,若多孔介质中是层流时,压降与速度成正比,则 C_2 为 0。可以将多孔介质模型简化为

$$\Delta \boldsymbol{p} = -\frac{\mu}{\alpha}\boldsymbol{v} \tag{3-6}$$

则三个方向的压降为

$$\Delta p_x = \sum_{j=1}^{3} \frac{\mu}{\alpha_{xj}} v_j \Delta n_x \tag{3-7}$$

$$\Delta p_y = \sum_{j=1}^{3} \frac{\mu}{\alpha_{yj}} v_j \Delta n_y \tag{3-8}$$

$$\Delta p_z = \sum_{j=1}^{3} \frac{\mu}{\alpha_{zj}} v_j \Delta n_z \tag{3-9}$$

式中:v_j 是 x、y、z 方向上的速度;Δn_x、Δn_y、Δn_z 是三个方向上的多孔介质厚度。

如果流体的流速过高,C_2 可视为流动方向上每单位长度的损失系数,可以简化方程为

$$\frac{\partial p}{\partial x_i} = -\sum_{j=1}^{3} C_{2ij}\left(\frac{1}{2}\rho v_j \mid v_j \mid\right) \tag{3-10}$$

则三个方向的分量为

$$\Delta p_x \approx \sum_{j=1}^{3} C_{2xj} \Delta n_x \frac{1}{2}\rho v_j \mid v_j \mid \tag{3-11}$$

$$\Delta p_y \approx \sum_{j=1}^{3} C_{2yj} \Delta n_y \frac{1}{2}\rho v_j \mid v_j \mid \tag{3-12}$$

$$\Delta p_z \approx \sum_{j=1}^{3} C_{2zj} \Delta n_z \frac{1}{2}\rho v_j \mid v_j \mid \tag{3-13}$$

式中:v_j 是 x、y、z 方向上的速度;Δn_x、Δn_y、Δn_z 是三个方向上的多孔介质厚度。

2. 多孔介质模型中的能量方程

多孔介质模型里的能量方程通常采用标准的能量方程,只是对传导项和脉动项做了修改,即多孔介质的传导热用有效热传导系数代替,脉动项里包括了介质中固体区域里的惯性损失。

$$\frac{\partial}{\partial t}\left[\varphi\rho_f h_f + (1-\varphi)\rho_s h_s\right] + \nabla \cdot \left[\boldsymbol{v}\rho_f h_f + \boldsymbol{p}\right]$$

$$= \nabla \left[k_{\text{eff}} \Delta \boldsymbol{T} - \sum_j h_j \boldsymbol{J}_j + (\tau_{\text{eff}} \boldsymbol{v}) \right] + S_f^h \tag{3-14}$$

式中：φ 为孔隙率；ρ_f 为流体介质密度；ρ_s 为固体介质密度；h_f 为流体焓；h_s 为固体的焓；$\boldsymbol{v}$ 为速度矢量；p 为压力；k_{eff} 为介质的有效导热系数；$k_{\text{eff}} \Delta \boldsymbol{T}$ 为导热项；$\sum_j h_j \boldsymbol{J}_j$ 为脉动项；$\tau_{\text{eff}} \boldsymbol{v}$ 为黏性耗散项；S_f^h 为流体用焓表示的源项。

多孔介质模型中的有效导热系数 k_{eff} 可由多孔区域中流体的导热性和固体的导热性平均而得，即

$$k_{\text{eff}} = \varphi k_f + (1 - \varphi) k_s \tag{3-15}$$

式中：φ 为介质的孔隙率；k_f 为流体的导热性；k_s 为固体的导热性。

3. 多孔介质模型中的湍流模型

多孔介质模型中使用传统的标准湍流模型，即在多孔区域中忽略了固体介质对湍流性质如生成率或扩散率的影响。

以本书使用的 RNG k-ε 模型为例，其湍流动能和耗散率方程为

$$\frac{\partial}{\partial t}(\varphi \rho k) + \frac{\partial}{\partial x_j}(\varphi \rho k u_j) = \frac{\partial}{\partial x_i}\left(\varphi \alpha_k \mu_{\text{eff}} \frac{\partial k}{\partial x_i}\right) + \varphi(G_k - \rho \varepsilon + G_b + S_k)$$

$$\frac{\partial}{\partial t}(\varphi \rho \varepsilon) + \frac{\partial}{\partial x_j}(\varphi \rho \varepsilon u_j) = \frac{\partial}{\partial x_i}\left(\varphi \alpha_\varepsilon \mu_{\text{eff}} \frac{\partial \varepsilon}{\partial x_i}\right)$$

$$+ \varphi\left[C_{1\varepsilon} \frac{\varepsilon}{k}(G_k + C_{3\varepsilon} G_b) - C_{2\varepsilon} \rho \frac{\varepsilon^2}{k} - R_\varepsilon + S_\varepsilon\right] \tag{3-16}$$

3.2.4 模拟实验区风场数据观测与模拟

1. 数据观测方案

模拟实验区观测的目的是验证街区范围多孔介质模型的科学性，实验面积约为 1.42km^2，包含了文一西路、荆长大道、常二路等城市主干道、次干道和支路，海港城商业区以及西溪风情、福鼎家园在内的居住区。

模拟实验区观测方案共选择了 10 个实测点，主要包括文一西路与常二路交叉口、文一西路与荆长大道交叉口、典型居住区和商业区的拐角处以及建筑物的背风口。其中，文一西路代表了城市主干道的风环境特征，荆长大道代表了城市次干道的风环境特征，常二路代表了城市支路的风环境特征。周边的建筑物密集，主要是居住区和商业区，可以代表混合的城市功能区。测点的高度为人行高度，约为 $1.5 \sim 2\text{m}$。观测点的选择如

图 3-1 所示。实测仪器为 10 台 AR856 风速仪(如图 3-2 所示,风速仪参数如表 3-1 所示);实测时间为 2019 年 3 月 7 日上午 10:50—11:00,每次测试的时间为 10 分钟,每隔 1 秒钟记录一次数据。

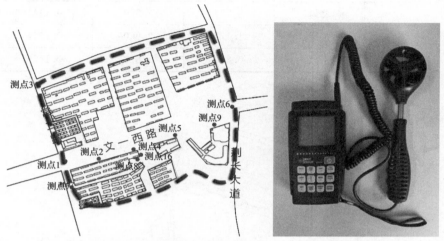

| 图 3-1　模拟实验区观测点布置图 | 图 3-2　实验仪器 |

表 3-1　风速仪参数

单位	风速范围	解析度	最低起点值	精度
m/s	0.0～45.0	0.001	0.3	±3%±0.1
Ft/min	0.0～8800.0	0.01/0.1/1	60	±3%±20
knots	0.0～88.0	0.01/0.1	0.6	±3%±0.2
km/h	0.0～140.0	0.001	1.0	±3%±0.4
mph	0.0～100.0	0.001/0.01	0.7	±3%±0.2

2.模拟实验区观测数据分析

(1)城市道路

根据观测数据统计道路风速值(见表 3-2),可以看出测点 6 为主要入风干道,结合主导风向可知风从荆长大道东侧吹向研究区,并沿城市主干道文一西路向西流动。北风从测点 3 沿着常二路流向测点 7,部分气流分流进入主干道和各个街区。当主导风向与城市主干道平行时,风进入通道后风速较大,并且沿着该通道衰减;当遇到岔路时,部分风流入支路,并与该方向上的风汇合且速度也存在衰减。路网城市风流向示意如图 3-3所示。

表 3-2　城市道路风速观测值

测点	主导风向	平均风速/(m/s)	最大值/(m/s)	最小值/(m/s)
1	东风	1.000	2.800	0.158
3	北风	0.991	2.970	0.144
6	东风	1.173	2.900	0.156
7	东风	0.810	2.820	0.145

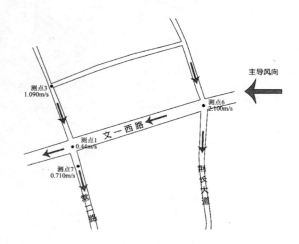

图 3-3　路网城市风流向示意

（2）不同功能区

根据观测数据统计的风速值（见表 3-3），可以看出来流风沿着建筑体衰减。同时，由于建筑体量、形态、高度以及密度的不同，风速会变化。测点 2、4 周围以居住区为主，密度大且有茂密的树木遮挡，风速从海港城附近的 1.076m/s 衰减到 0.441m/s。

表 3-3　不同功能区风速观测值

测点	主导风向	平均风速/(m/s)	最大值/(m/s)	最小值/(m/s)
2	东北风	0.441	1.930	0.143
4	东风	0.721	2.242	0.140
5	东风	1.034	2.136	0.137
9	东风	1.076	2.600	0.146

（3）建筑物拐点

测点 8 位于建筑物的背风面拐角处,根据经验,气流一般会在建筑物的迎风拐角处发生偏离,而在建筑物的背风面形成涡旋。而建筑群的绕流过程会比单体建筑更加复杂,除了流动分离、回流漩涡等特征以外,建筑之间也会相互影响①。测点 8 和测点 10 的观测值见表 3-4。

表 3-4　建筑物拐点风速观测值

测点	主导风向	平均风速/(m/s)	最大值/(m/s)	最小值/(m/s)
8	东北风	0.567	1.990	0.145
10	北风	0.465	1.770	0.140

3. 中尺度城市通风环境量化模拟方法

（1）模拟实验区的选择

由于将整个新建城区建模来进行 CFD 模拟计算将需要耗费大量的时间,也无法承担数据量过大的计算,因此本研究选取尺度相对较小的范围进行模拟,但所选区域仍将包括基本的城市功能区,例如居住区、商务办公区、商业区等。模拟实验区域的面积约为 1.42km² （见图 3-4）,包含了文一西路、荆长大道、常二路等城市主干道、次干道和支路,海港城商业区,以及西溪风情、福鼎家园在内的居住区。

面积约为1.42平方千米

图 3-4　模拟实验区域示意

---

① 王远成,吴文权. 不同形状建筑物周围风环境的研究[J]. 上海理工大学学报,
2004,26(1):19-23.

（2）多孔介质理论的引入

根据经验，若将每一栋建筑都纳入计算范围的话，可能会存在以下问题：1）若以城市尺度为研究对象，其建立的模型过大，使得网格划分的数量巨大，即使是大型的计算机运行起来也十分困难；2）计算时收敛较为困难，通常在计算中，壁面函数对近壁面网格的划分是有要求的，若无法满足其要求的话，将会导致无法收敛或收敛困难等问题。此外，由于研究区范围是 1.42km^2，其体量和范围相对于单个建筑体的大小要相差几个数量级，整个模拟过程是没有必要考虑每一幢建筑的。石华也认为，从局地风环境来看，单个建筑对于城市整体区域的风环境流动的影响不大。因此本研究将对实际的建筑群体进行适当简化，在达到相似精度的基础上，提高模拟的计算速度[①]。

针对以上问题，在研究中我们将多孔介质的理论融入模拟过程，将建筑群考虑成具有动量汇的多孔介质。Patankar 和 Spalding 于 1974 年在换热器内部流场的数值模拟中，首次引入多孔介质理论，并引入了分布阻力的概念[②]。在各种具体的实验中可以发现，利用多孔介质模型得到的流场流速只有平均意义，不能反映内部各点之间的流动细节。但是在实际的工程和研究中，平均量比特殊点的数值更具有参考价值。在本研究中，将城市建筑物阵列群作为多孔介质来处理，则需要推导出通过阵列的平均风速的输运方程，以及求解方程需要的两个额外的方程来求解已知尺度的湍流动能及其耗散率。同时要研究在湍流动能和耗散率的输运方程中平均动量的源或汇项的闭合问题。

（3）模型的建立

根据多孔介质理论模型的思想，首先将模拟实验区域的模型分为五个区块来考虑。区块一是位于文一西路以北、文昌路以南、荆长大道以西的位置；区块二是位于文一西路以北、文昌路以南、常二路以东的位置；区

---

① 石华.基于深圳市道路气流特征的城市通风网络模型研究[D].重庆：重庆大学，2012.

② Patankar S V，Spalding D B. A calculation procedure for the transient and steadystate behavior of shell-and-tube heat exchangers[M]//Afgan N，Schlunder E. Heat Exchangers：Design and Theory Sourcebook. New York：McGraw-Hill，1974：155—176.

块三是位于文一西路以南、荆长大道以西和区域内河道的三角处；区块四和区块五均位于文一西路和文二西路之间、常二路以东、荆长大道以东的区域内（见图 3-5）。

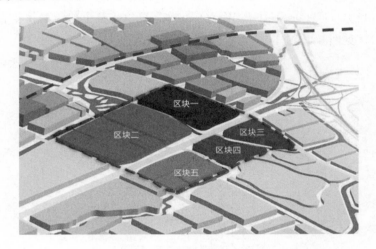

图 3-5　模拟实验区域分区示意

　　由于建筑群风环境与单体建筑风环境有差异，在利用多孔介质思想对建筑群体进行划分的时候需要对研究区内的建筑进行简要的评价，包括其建筑高度和建筑形态。在整合建筑群时，将建筑高度、形态相似且高度方差小于 3 的各个单体建筑整合到一起。此外，群体建筑对风环境的影响也与建筑间距和建筑高度有关。马剑对街道宽度分别为建筑高度的 0.5、1、2、4、6 倍的涡流情况利用 Fluent 进行了模拟[①]。在模拟顺风方向对称平面的风速矢量和风速比时发现：1）当气流为擦顶绕流流态时，即 B/H（B 为建筑间距，H 为建筑高度）为 0~1.2 时，建筑间距内除了少数气流的涡流外，几乎没有主导气流的下冲现象；2）当气流为尾干扰流时，即 B/H 为 1.2~5.0 时，建筑间距的下冲气流开始增多，建筑间距内涡漩气流的速度逐渐增大，不仅首排建筑前后存在一定的压差，后排建筑前后之间的压差也逐渐增大；3）当气流为尾干扰流时，即 B/H 为 6 时，建筑之间的气压和速度已不受前后建筑的影响。在垂直方向上，模拟结果发现：

---

①　马剑,陈水福.平面布局对高层建筑群风环境影响的数值研究[J].浙江大学学报（工学版）,2007,41(9):1477-1481.

1)当 B/W（B 建筑间距，W 为建筑平均宽度）值增大时，随着建筑间距的气流增多、速度增大，主导气流可以沿着建筑间距到达后排建筑；2）当 $B/W=6$ 时，建筑周围的气流将不受到其他建筑的干扰。因此，根据上述理论，当 B/H 为 0～1 且 B/W 为 0～1 时，可以将整个建筑群体整合为整体建筑（见图 3-6、图 3-7）。

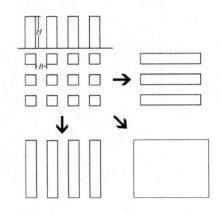

图 3-6　单体建筑整合示意图

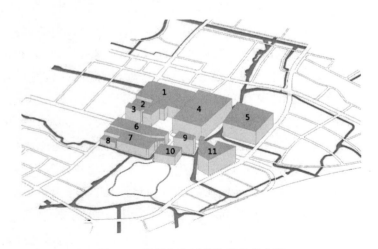

图 3-7　模拟实验区单体建筑整合图

（4）参数计算

1）黏性损失与惯性损失计算

根据多孔介质模型计算流程，需要设定黏性阻力和惯性阻力。由

3.2.3 节的基本公式可知,首先需要获取多孔介质系数,可以根据实验测得风速后根据实际模型在 Fluent 中进行模拟压降,得出速度与压降相关的二次曲线。选取实验实测点的位置(见图 3-8),记录每个测点的风速值,测速时将使用 AR856 风速仪,每次测试时间为 10 分钟,每隔 1 秒记录一次数据,所得的平均风速值如表 3-5 所示。

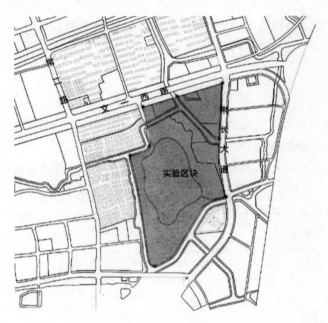

图 3-8　实验区块及测点布置

表 3-5　实验区块各测点平均风速

测点	平均风速/(m/s)
1	1.051
2	1.255
3	1.336
4	1.389
5	1.189
6	1.290
7	2.353
8	1.439

再将实测的平均风速输入到 Fluent 里,用该区块的真实建筑模拟压降值,拟合后得到方程(3-17):

$$\nabla p = 0.8871 v^2 + 0.0124 v \qquad (3\text{-}17)$$

简化动量方程为

$$\Delta p = - S_i \Delta n \qquad (3\text{-}18)$$

所得的二次曲线与方程(3-17)比较,对应系数相等,可知

$$\frac{\mu}{\alpha} \Delta n = 0.0124 \qquad (3\text{-}19)$$

$$C_2 \frac{1}{2} \rho \mid v \mid v_i = 0.8718 \qquad (3\text{-}20)$$

式中:当通过多孔介质的介质为空气时,$\mu = 1.7894 \times 10^{-5}$,$\rho = 1.225 \mathrm{kg/m^3}$;$\Delta n$ 为多孔介质的厚度。

由以上各式可得各区块的黏性系数和惯性阻力系数(见表 3-6)。

表 3-6　模拟区各区块黏性系数和惯性阻力系数

地块编号	$\dfrac{1}{\alpha}$	C_2
1	53.317	0.111
2	74.530	0.156
3	48.470	0.101
4	40.534	0.085
5	45.902	0.096
6	59.241	0.124
7	71.456	0.149
8	111.794	0.234
9	43.051	0.090
10	72.960	0.152
11	36.868	0.077

2)孔隙率计算

多孔介质中的孔隙率 φ 是用来描述多孔介质对流体储存能力大小的参数,是有效开敞体积与总体积的比值。考虑到风向与街道的方向并不是平行的,是有一定夹角的,因此,本书采用综合孔隙率来评价不同方向的街道对城市通风的影响。

综合孔隙率的计算公式为

$$\varphi = \sqrt{\varphi_x^2 + \varphi_y^2} \tag{3-21}$$

式中:φ_x 是 x 方向上的孔隙率分量;φ_y 是 y 方向上的孔隙率分量。

孔隙率 φ 的计算公式为

$$\varphi = \frac{\sum_{\text{open space}} \pi r_{hi}^2 l_i}{\sum_{\text{open space}} V_i + \sum_{\text{built}} V_j} \tag{3-22}$$

$$r_h = \frac{lh}{l+h} \tag{3-23}$$

式中:r_{hi} 为城市冠层开敞面积 i 的半径;l_i 为城市冠层开敞空间 i 的长度;V_i 为城市冠层的平均体积;V_j 为建筑平均体积;r_h 为半径;l 为街道平均宽度;h 为城市冠层平均高度。

依据上述公式,可得每个区块对应的综合孔隙率(见表 3-7)。

表 3-7　多孔区域综合孔隙率

地块编号	综合孔隙率 φ
1	0.55
2	0.24
3	0.23
4	0.59
5	0.48
6	0.43
7	0.37
8	0.23
9	0.47
10	0.52
11	0.23

3.2.5 计算区域和网格划定

1. 计算区域

计算区域指计算过程中要进行计算的控制区域。它的大小将直接影响模拟的准确性和计算时间。若计算区域过大,则会增加计算时间;若计算区域过小,则会使得流场失真。同时,各个建筑往往不是孤立存在的,而是与其他建筑体相连的,所以周边的建筑也将在一定程度上影响该研究区域的风场。因此,在一般情况下,为了接近现实的情况和满足基本要求,计算区域进风口方向长度约为最高建筑高度 3~4 倍,出风口方向长度为最高建筑高度的 8~10 倍,计算高度取值为最高建筑高度的 2~4 倍。本实验区域选择计算区域大小为 1400m×1100m×50m,收敛的标准为残差曲线平缓,当所有变量残值小于 10^{-3} 时。

2. 网格划分

网格划分的目的是对 CFD 模型实现离散化,把求解域分解成可得到精确解的适当数量的单元。网格质量不仅直接影响模拟的精度和可靠性,而且也影响模拟过程中的稳定性和收敛性。细密的网格可以使结果更精确,但是会增加计算时间和计算需求,有时候一些不必要的细节会大大增加分析需求。网格划分的数量与计算机计算时间直接相关,对于较复杂外形的几何模型,需要经过多次试验,才能划分出数量适中且质量较好的网格。此次模拟分析已经简化了模型,使用 ANSYS Workbench 16.0 中的网格(mesh)工具划分网格。根据研究街区和建筑群的几何形态,采用三角形网格为主,网格尺度为 1~2m,对建筑附近区域进行网格加密操作,网格质量良好(见图 3-9)。

3. 设置边界条件

在 Fluent 中模拟风环境时,边界条件的设置尤为重要。合理设置边界条件能够有效地使模拟的结果更接近真实的情况。因此,在设置边界条件的时候,需要对模拟区域的风向、风速做基础分析。对于本章的研究区域,由于目的是为了与实测值进行验证分析,因此在确定入口边界条件时,将其设置为速度入口(velocity inlet)的边界条件,数值为入风口处实

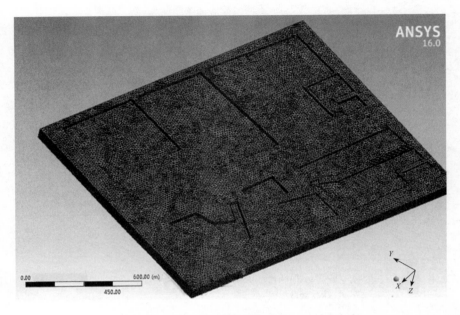

图 3-9　网格划分示意

测值的平均值。但由于地表的建筑物、构筑物以及树木等都会产生摩擦，使风速降低，风速剖面会受到地表粗糙度的影响，影响的范围称为"大气边界层"。而大气边界层的顶部风速称为梯度风速[①]。

当风速随着高度的变化而变化时，会形成垂直于速度分布的剖面，一般有对数律和指数律。考虑到前文实测的结果和水平方向上的平均风速剖面，因此用指数律表示，即

$$\frac{U_i}{U_\infty} = \left[\frac{Z_i}{Z_\infty}\right]^\alpha \tag{3-24}$$

式中：U_i 和 U_∞ 分别为 Z_i 和 Z_∞ 处的平均风速；Z_i 为任意处的高度；Z_∞ 为大气边界层在均匀流动时的高度；α 为地表粗糙度系数，不同地貌的地表粗糙度不同，根据我国的规范（见表 3-8），α 取 0.2。

---

① 　胡非. 湍流、间歇性与大气边界层[M].北京:科学出版社,1995.

表 3-8　不同地貌的地表粗糙度

地表类型	海面		空旷地面		城市郊区		城市中心	
	α	Z_∞/m	α	Z_∞/m	α	Z_∞/m	α	Z_∞/m
规范	0.10～0.13	200～325	0.13～0.18	250～375	0.18～0.28	300～425	0.28～0.44	350～500

根据公式(3-5)和地表粗糙度的选取,将公式(3-24)修正为

$$U = 0.533 U_i Z^{0.2} \tag{3-25}$$

式中:U_i 为实测平均风速;Z 为该研究区域的平均高度。

速度入口边界由于不是常数,设置时需要编写子程序 inlet_velocity.c 导入主程序(见图 3-10)。

```
#include "udf.h"
#include "math.h"

DEFINE_PROFILE(inlet_x_velocity, thread, index)
{
    real x[ND_ND];
    real z;
    face_t f;
    begin_f_loop(f, thread)
    {
        F_CENTROID(x, f, thread);
        z = x[2];
        F_PROFILE(f, thread, index) = 0.533*1.15*pow(z, 0.2);
    }
    end_f_loop(f, thread)
}
```

图 3-10　入口边界条件子程序

设置出口边界条件时可以将出流面边界条件设置成压力出口边界(pressure outlet),相对压力为 0。这是假设空气在到达出流面时已经完全发展的情况下,也就是出流面的空气流动已经恢复到没有任何建筑物阻挡的条件。考虑到该研究模型属于近地面大气边界层流动,建筑与街道都采用了数值处理的方法,而采用标准壁面函数可以得到较为准确的结果。而且标准壁面函数法对近壁面首排网格的划分要求是 $y^+ \approx 12.5$ ～200－400,这与非壁面函数法和增强壁面的处理方法的网格划分数量不同,它的网格数量更少,能大大减少计算量。因此,本书在考虑分析街区的风环境时,采用标准壁面函数法。

3.2.6　模拟结果分析

通过 Fluent 模拟研究区风环境在 1.5m 人行高度上的风速云图（见图 3-11）可以看出，简化的多孔介质模型基本上能反映该区域风流动情况。模拟区域的风速主要在 0~1.68m/s，其中风速较大的区域主要是城市主干道和城市支路，具体的风速均在 1.0~1.68m/s 和 0.6~0.9m/s。而风速较小的区域是作为多孔介质的各个区块部分，并且通风效果与区块的建筑高度、密度相关，建筑高度越高，密度越大，其所在的区块 1.5m 处的风速越小，通风效果越差。

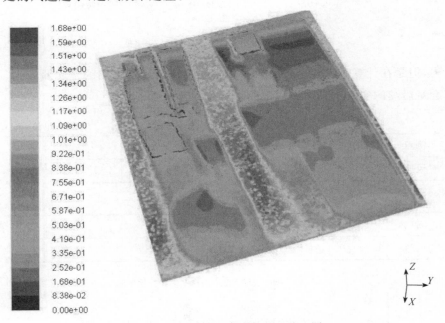

图 3-11　1.5m 人行高度上的风速云图

在检验模型是否有效合理时，最直接、高效的方法是将数值模拟的结果与实测结果进行比对。从模拟出来的风速云图中提取观测点的坐标，可以将坐标点所在 1.5m 处的风速值导出（见图 3-12）。将多孔介质模型模拟出的风速与观测值进行对比，由表 3-9、表 3-10 和图 3-13 可以看出，模型计算所得的值在趋势上基本与现场观测的数据吻合，但在总体上，模拟的结果比观测的数值偏大一些，产生误差的主要原因是模型的简化。此外，尽管在多孔介质模型中考虑了由于植被造成的黏性损失和惯性损

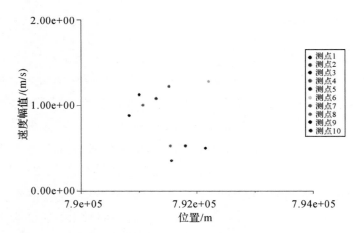

图 3-12　各实测点 1.5m 处模拟风速值

失，但是在计算速度与压降关系的二次曲线拟合时所采用的是实验数据，会对后续的实验结果产生一定的影响。

表 3-9　实测点模拟风速　　　　单位：m/s

测点	1	2	3	4	5	6	7	8	9	10
风速	1.126	0.499	1.005	0.526	1.083	1.28	0.88	0.527	1.223	0.357

表 3-10　实测点观测风速　　　　单位：m/s

测点	1	2	3	4	5	6	7	8	9	10
风速	1.000	0.441	0.991	0.721	1.034	1.173	0.81	0.567	1.076	0.465

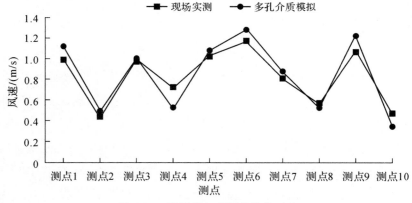

图 3-13　模拟值与实测值趋势对比

为了更好地判断两者之间的吻合度,本书利用计量经济学中拟合优度的类似算法,用 R^2 来度量拟合程度。R^2 越趋近于 1 说明拟合效果越好,以此来考察实测值与模拟值的拟合效果。R^2 的公式为

$$R^2 = \frac{\left[\sum_i (y_i - \bar{y})(\hat{y}_i - \bar{\hat{y}})\right]^2}{\left[\sum_i (y_i - \bar{y})^2\right]\left[\sum_i (\hat{y}_i - \bar{\hat{y}})^2\right]} \qquad (3\text{-}26)$$

式中:$\bar{y}$ 为实测平均风速值;$\hat{y}$ 为多孔介质模拟得到的风速值;$\bar{\hat{y}}$ 为多孔介质模拟得到的平均风速值。

由公式(3-26)可得 $R^2 = 0.607173$,可知观测值与模拟结果的拟合度较好,主干道、次干道等节点的模拟均体现了与观测时相似的流动情况。

3.3　杭州城西城市风道量化模拟

3.3.1　研究区概况

杭州未来科技城总规划面积约为 113 平方公里,其中重点建设区 35 平方公里。2011 年 4 月,为贯彻落实国家人才引进"千人计划",中组部设立了杭州未来科技城,落户余杭海创园。杭州成为继北京、天津、武汉之后,第四个国家级科技创新和人才创新基地所在城市。未来科技城的核心区是杭州主城区西大门,距主城区中心 15 公里。其东侧紧邻绕城高速和西溪国家湿地公园,西侧为余杭金星工业园,南侧为闲林镇区,北侧为未来科技城远期产业及高教拓展片区,区位条件优越(见图 3-14)。

以杭州市"一主三副六组团"的空间结构为基础,结合杭州市的杭州城西科创产业集聚区、杭州大江东产业集聚区的打造,从市域层面上看,未来科技城是杭州的主要功能组团之一,是杭州市未来高科技产业发展的重要平台,是杭州主城西部的反磁力中心。从未来科技城自身来看,重点区域是实现城西功能跨越式发展的新支点,未来科技城建设将带动城西交通、产业、服务等要素集聚。作为未来科技城的启动区,重点区域不仅成为地区引领与带动的重要增长极,还将成为城市经济发展、产业升级、结构优化的核心驱动力,推动余杭区实现跨越式发展,并成为都市圈

图 3-14　未来科技城重点建设区区位图

向西拓展的空间支撑载体。此外，它也是推进城西产业创新发展的新平台。重点区域将依托未来科技城和城西科创产业集聚区双重带动，结合大项目拉动作用（海创园、杭师大、阿里巴巴淘宝城等），将成为城西科创产业集聚区的核心地区，提升区域中心综合能级。

　　因此研究区应该顺应城市的发展脉络，落实地区总体发展策略。在定位明确的基础上，结合自身特点，落实地区在功能协作、交通与基础设施、空间景观资源的整合策略，充分展现区域战略价值，全面优化并建立起规划区内包括功能、交通、空间等城市运行系统。规划应通过对现状建设情况进行的全面评估，明确当前地区发展存在的矛盾，以科学的方法进行矛盾疏解,建立一个适应地区发展特色的建设控制标准,充分落实法定规划的开发控制要求。同时,未来科技城作为一个具有战略意义的新建区更应将生态环境放在首位,并在空间形态、生态环境方面保证城区发展的可持续性。

3.3.2　通风潜力评价

1. 地表粗糙度

由于城市化发展迅速,城市中的建筑高度和密度快速增加,这使得城市地表粗糙度增大。早在 20 世纪 80 年代,周淑贞等基于上海百年实测的风速资料,分析了城市发展对风速的影响。研究发现,城市的建筑高度和密度增大是导致城市风速减小的主要原因[①]。李志坤等利用我国地面国际交换站气象观测资料对北京市地面风速风向年际变化特征进行了分析。结果表明,城市扩张造成的下垫面粗糙度的增加阻碍了北方来风,导致了北京市风场分布的变化及平均风速的减小[②]。由此可以看出,不同的城市下垫面材质由于其粗糙度不同,对城市风场的影响是不同的。目前未来科技城重点区域的城市建设用地共约 790.62 公顷,主要集中于文一西路沿线,以居住用地、工业用地、道路与交通设施用地为主(见图 3-14)。其中居住用地 206.31 公顷,占城市建设用地的 26.09%,主要为大华西溪风情、青枫墅园等新建居住区;工业用地仅 144.49 公顷,占城市建设用地的 18.28%,主要为仓前工业区;道路与交通设施用地 183.94 公顷,占城市建设用地的 23.26%;公共管理与公共服务用地 95.20 公顷,占城市建设用地的 12.04%,主要包括杭师大首期、海创园首期、省委党校、嘉泰学院、恒生科技园、阿里巴巴淘宝城等项目;商业服务业设施用地 90.64 公顷,占城市建设用地的 11.46%;绿地与广场用地 62.06 公顷,占城市建设用地的 7.85%;物流仓储用地 6.38 公顷,占城市建设用地的 0.81%;公用设施用地 1.60 公顷,占城市建设用地的 0.20%。由图 3-15 和图 3-16 可

---

①　周淑贞,余碧霞.上海城市对风速的影响[J].华东师范大学学报(自然科学版),1988(3):67—76.

②　李志坤,张凤丽,王国军,等.北京市 1993—2011 年风速变化与下垫面粗糙特性关系研究[J].测绘通报,2017(12):29—32.

以看出,现状建设强度不高,现状建筑物总建筑面积530万平方米,毛容积率为0.15,主要集中在文一西路沿线、仓前街道中心,以研发办公建筑、居住建筑、工业建筑为主。建筑以低层建筑为主,1层主要为现状厂房,主要为仓前工业区厂房;2~3层为北侧仓前老街和东侧的大华西溪风情等居住建筑。新建学校和农居点多为5~8层,有少量10层左右建筑。中高层主要为近两年新建,主要分布在文一西路北侧。

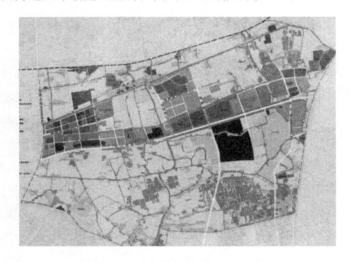

图 3-15　重点建设区土地利用现状

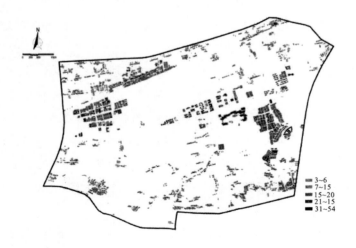

图 3-16　重点建设区现状建筑高度图

依据杭州市主城区与临安区历史气象数据,利用 Climate Consultant

软件对数据进行分析,从得出的风速图发现(见图 3-17),主城区的月平均风速为 2.05m/s,而临安区的月平均风速为 2.45m/s。这是由于主城区建筑密度和高度远高于周边地区,高密度的城市建设是导致城市风环境恶化的影响因素之一。同时,从 Climate Consultant 软件中导出的焓湿图显示(见图 3-18),主城区的空气湿度不高,空气温度较高。因此,城市通风廊道的规划和城市通风的研究迫在眉睫。

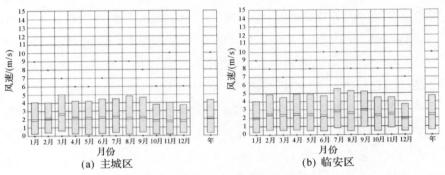

图 3-17 杭州市主城区与临安区月平均风速

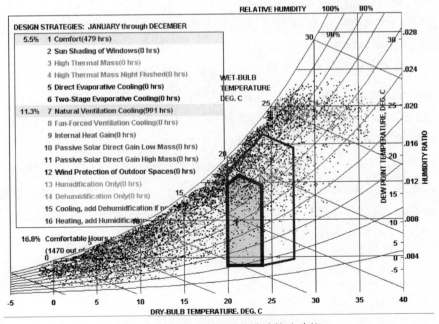

图 3-18 主城区焓湿图及设计策略建议

2. 道路通风性能

在城市的建成区,建筑物和城市路网是影响环境气流的两个主要的城市形态特征。高楼大厦和狭窄街道的结合会截留热空气并减少气流,产生低速风,这使得悬浮在空气中的污染物无法向外扩散,导致严重的空气污染。可以通过合理地规划城市道路系统,提升空气的流动性来缓解城市中的污染。Oke 发现,当盛行风向垂直于街道时,街道峡谷内的流动状态由高宽比(H/W)决定。他还建议,在考虑到微气候的各种要求后,中纬度城市适合的 H/W 范围为 0.4~0.6[1]。此外,Grimmond 在 1998 年分析影响城市地表粗糙度因素时,指出粗糙度长度是反映下垫面空气流通特征的重要指标之一,并对粗糙度长度等指标的多种计算方法进行了分析与验证[2]。学者还对城市道路的几个基本指标进行了研究,发现道路的结构类型、疏密程度和通畅度对城市通风效果起到了主导作用[3]。道路走向与城市盛行风角度的关系对通风有极大的影响。例如,方格网状的道路布局由于街道划分整齐,有利于形成通风廊道,因此其通风效率较高;而环形放射状的路网结构虽然有利于中心与各分区之间的交通联系,但是缺少明确的主导方向而使得各条道路与盛行风向间产生不同的夹角,因而整体通风效果不是很好。

杭州未来科技城重点建设区内部的主要道路包括绕城高速、东西大道、高教路、文一西路、文二西路、良睦路、常二路、荆长大道和绿汀路等(见图 3-19)。其他地区以村镇道路为主,均为碎石小道,沿河有机生长,路幅多在 5m 以下。现状主干路红线宽度主要是 30~50m,次干路红线宽度主要是 20~36m,支路红线宽度主要是 20~28m。当前,现状路网出现截断和不连续的现象,并且城市支路的面积少,路网密度较低,风的流通性较差,因而通风效率也较低。但是道路的走向与夏季主导风向较为一致,能够引导夏季风,利用道路风道将冷空气引入城市中心,缓解中心区

① Oke T R. Street design and urban canopy layer climate[J]. Energy & Buildings, 1988, 11(1):103—113.
② Grimmond C S B. Aerodynamic roughness of urban areas derived from wind observations[J]. Boundary-Layer Meteorology, 1998, 89(1):1—24.
③ 李文豪. 城市道路通风走廊规划与研究[J]. 工程技术研究, 2016(7):216,220.

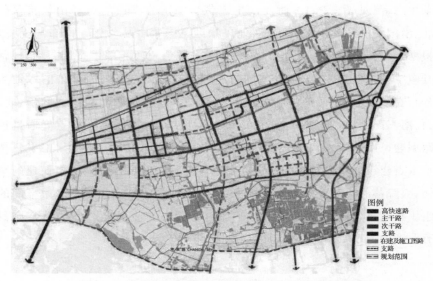

图 3-19　杭州未来科技城重点建设区道路交通现状图

的热岛现象。

3.开敞空间

城市开敞空间一般是指较为开阔、空间要素较少的空间,或者是向大众开放的公共空间,例如公园、广场、绿地等。城市内的绿色开敞空间不仅有利于防止城市的无序扩张,也有助于改善城市自然环境,美化城市景观,提升城市环境质量。陈飞通过上海里弄建筑的现场风速及温湿度测试,研究了里弄风速特点与街道风速大小之间的关系,以及行列式的高密度布局对区域风环境的影响。研究发现,造成区域内风速较小的一个主要因素是里弄城市地面的风速遮挡,而并非只是高密度的布局;江南民居依靠河道形成的城市开敞空间对高密度情况下风环境的改善起到了根本的作用[1]。可以看出,大面积的绿带和河道均有利于城市风环境和热环境的缓解、污染物的扩散,以此达到环境改善的目的。因此城市开敞空间对于城市通风效果有很大的影响。

2009 年杭州市确定了"西北部、北部、东南部、东部、西南部、南部"六

---

① 陈飞.民居建筑风环境研究——以上海步高里及周庄张厅为例[J].建筑学报,2009(S1):30—34.

条生态带(见图 3-20)。西北部生态带包括的生态内容有径山风景区—北、南湖滞洪区—闲林、西溪湿地风景区生态带。从整体空间布局上看,根据当前杭州市生态景观布局,未来科技城位于西北部生态带东端,现状开敞空间主要为西溪湿地、余杭塘河、文一西路沿线等;大型公园绿地多分布在沿河周边;西部为临安区。临安境内地势自西北向东南倾斜,北、西、南三面环山,形成一个东南向的马蹄形屏障,可以将新鲜空气通过道路型通风廊道输入到主城区。从内部空间肌理上看,由于杭州未来科技城重点建设区域内空旷的未建设用地较多,并且现状沿路、依河而建的窄街巷、院落的尺度较为宜人,对于未来空间结构的梳理和城市开敞空间的组织具有重要的参考价值。此外,新建的滨水产业、居住功能片区,则具有明晰的城市空间肌理。

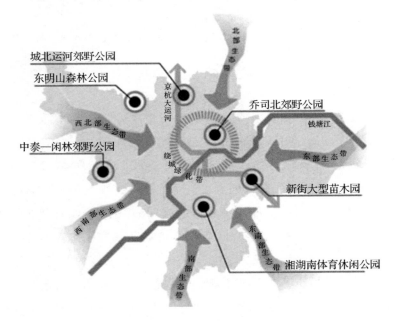

图 3-20　杭州市生态带示意

(图片来源:http://www.hzghy.com.cn/index.php/project/info/45/51)

根据风道规划的要素,河道和绿地作为城市开敞空间对城市通风廊道的引导和规划具有重要的意义。杭州未来科技城重点建设区内水系发达,河流纵横,余杭塘河、闲林港、通义港等主要干流分布其中,辅以星罗棋布的支流水系(见图 3-21)。余杭塘河和闲林港是现状河流的主河道。余杭塘河西起余杭镇五常港,东至大关康家桥入京杭大运河,河面宽度为 50～60m。闲林港北起余杭塘河,南至闲林镇,河面宽度为 40～60m。此外,除南侧东西向的方家桥港、顾家桥港、天竺桥港外,重点建设区内另有何过港、红卫港、汪桥港、姚家港四条非交通性的主体河道,呈"井"字形框架结构,河面宽度在 2～30m。另外还可以利用文一西路、东西大道的道路绿化带及高压线走廊内的防护绿地来增加重点建设区内生态格局的完整性和连续性,使得风的流动具有顺畅性。

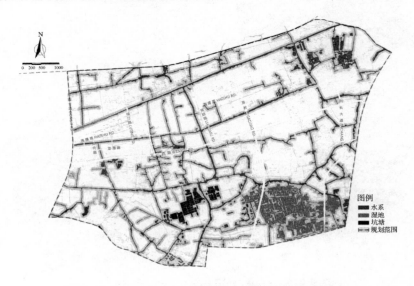

图 3-21　杭州未来科技城重点建设区水系现状图

4.城市设计对城市通风的影响

杭州未来科技城重点建设区根据发展定位与目标,综合确定未来科技城适宜发展的功能构成,将构筑以湿地和轨道为主体的空间层次,形成包括科研创智、宜居社区、管理服务、生态人文四大功能板块,同时对各个功能板块进行项目策划,制定核心项目、竞争项目和机会项目(见图 3-22)。在未来科技城区域框架下,以良睦路和绿汀路为界线,将重点发展片区界定为"研发生活"、"综合服务"和"科教生活"三个功能区(见图 3-23)。其中:研发生活功能区是一个以总部经济、文化创意、城市综合服务以及休闲旅游为发展导向的城区,内部包括居住组团、商业商务组团、文创科技组团和城市综合服务组团等;综合服务功能区是一个以信息科技为发展导向的城区,包括研发信息组团、生活组团和生活服务组团;科教生活功能区是一个以教育科研、研发孵化、总部经济为发展导向的城区,包括教育科研组团、研发孵化组团、生活组团和生活服务组团等。

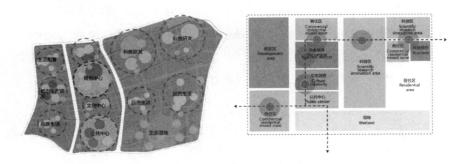

图 3-22　重点建设区域设计整体策略

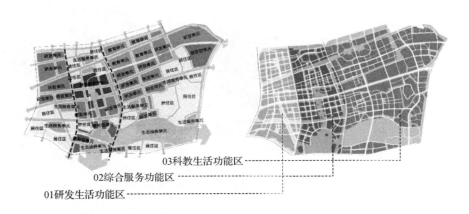

03科教生活功能区
02综合服务功能区
01研发生活功能区

图 3-23　重点建设区域功能分区

　　重点建设区的城市设计首先建立了多层级的公共服务体系,并且在街区肌理的基础上,采取大社区、小街坊的空间模式,以密集的公共场所结合多阶层的公共活动,促进社会和谐共生。依据密度分区,在控制总量不变的情况下,弹性地调控地块的开发建设强度,并提出容积率转移和奖励机制。规划在轨道站点采用超高强度开发的模式,以平摊其他地块的建设强度,形成相对宜人的空间尺度。该城市设计方案以总体功能布局和密度分区的限定为基础,以公共空间为约束,形成以轨道交通站点为核心的高强度标志区域向四周公共空间和湿地区域逐步降低的、簇状跌落式城市形态。同时,提出"以建设量作为空间资源,进行总量调配"的思路,提供了一种平衡集约利用土地和宜人居住环境之间的解决方案。

3.3.3　风道潜力模拟

1.物理模型建立及计算区域确定

基于前述的建筑体合并的方法,将未来科技城核心发展区规划的建筑群体简化,共划分为 19 个区块作为多孔介质(见图 3-24)。由于计算区域选择的大小会直接影响模拟结果精度,依据 3.2.5 节关于计算区域确定的原则,本实验区域选择计算区域大小为 $700\text{m} \times 1000\text{m} \times 130\text{m}$,收敛的标准为残差曲线平缓,所有变量残值小于 10^{-3}。

图 3-24　核心区地块划分

2.参数计算

根据公式(3-1),可以计算得出每个地块的黏性系数和惯性阻力系数(见表 3-11),为 Fluent 模拟时备用。

表 3-11　各地块黏性系数和惯性阻力系数

地块编号	$\dfrac{1}{\alpha}$	C_2
1	14.11	0.0295
2	17.32	0.0362
3	9.07	0.0189

续表

地块编号	$\dfrac{1}{\alpha}$	C_2
4	6.85	0.0143
5	16.12	0.0337
6	9.55	0.0200
7	17.32	0.0362
8	16.12	0.0337
9	17.32	0.0362
10	8.66	0.0181
11	9.24	0.0193
12	17.32	0.0362
13	39.60	0.0828
14	10.55	0.0220
15	34.65	0.0724
16	14.44	0.0302
17	11.55	0.0241
18	29.87	0.0624
19	23.66	0.0494

根据公式(3-21)至公式(3-23)，可以计算得出每个地块的综合孔隙率（见表 3-12）。

表 3-12　各地块综合孔隙率

地块编号	综合孔隙率 φ
1	0.42
2	0.19
3	0.35
4	0.46

地块编号	综合孔隙率 φ
5	0.24
6	0.26
7	0.21
8	0.18
9	0.28
10	0.44
11	0.37
12	0.27
13	0.37
14	0.26
15	0.20
16	0.42
17	0.28
18	0.31
19	0.24

3. 边界条件设置

风环境模拟需要以杭州市对应时段的风向、风速数据作为模拟的入口边界条件,因此根据杭州市冬冷夏热的气候特征选取了 6、7、8 月的主导风向以及主导风向的平均风速作为夏季风环境模拟的入口边界条件,选取 12、1、2 月的主导风向以及主导风向的平均风速作为冬季风环境模拟的边界条件。气象统计资料来自于 climate. onebuilding. org 网站提供的 CSWD 格式的气象数据文件,利用 Climate Consultant 软件进行风速、风向的统计分析,得到杭州市夏季和冬季的风数据统计图和各月平均风速图。如图 3-25 所示,杭州市夏季主导风的风向应为西南风(WS),冬季主导风风向为北风(N)。从图 3-26 可以看出,杭州市夏季风主导下的平均风速约为 2.2m/s,冬季风主导下的平均风速约为 2.15m/s。

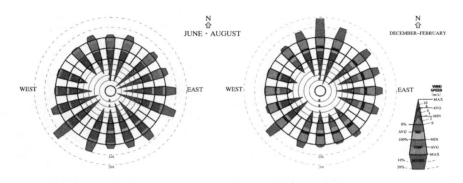

图 3-25　杭州市夏季、冬季风数据统计图

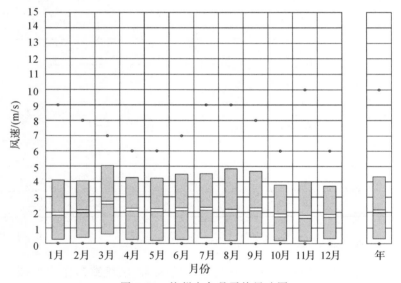

图 3-26　杭州市各月平均风速图

4.模拟结果与分析

为了进一步验证所建立的多孔介质模型的合理性与科学性,在研究区内选择 9 个实测点,主要布置在东西大道、文一西路、文二西路等城市主干道以及绿汀路、良睦路等城市次干道上。观测仪器为 9 台 AR856 风速仪;观测时间为 2019 年 3 月 17 日上午 10:50—11:00,每次测试的时间为 10 分钟,每隔 1 秒钟记录一次数据。具体布点位置如图 3-27 所示。将模拟后所在点的风速值与实际观测所测得的 9 个测点的风速值进行对比验证。

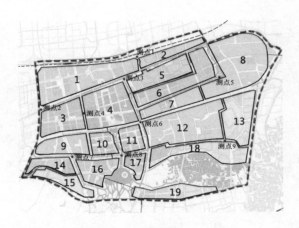

图 3-27　实例观测点布置图

根据观测数据统计道路风速值(见表 3-13),可以看出其中测点 1、2、3、4、7、8 的风速值明显大于测点 5、6、9 的数值。由现状土地利用图(见图 3-28)可知,这是由于这些区域现状基本为空旷的工地,未建成高密度的居住、商业区。

表 3-13　实例实测方案观测风速

测点	主导风向	平均风速/(m/s)	最大值/(m/s)	最小值/(m/s)
1	东北风	1.062	2.830	0.141
2	北风	0.786	1.850	0.182
3	北风	1.016	2.275	0.151
4	东北风	0.775	2.160	0.148
5	东风	0.427	1.910	1.192
6	南风	0.335	0.138	0.144
7	东北风	1.016	2.820	0.135
8	东风	0.721	2.242	0.140
9	北风	0.441	1.930	0.143

将多孔介质模型模拟出的风速与观测值进行对比,由图 3-29、图 3-30和表 3-14、表 3-15 可以看出,数值模拟计算的风速值与现场观测的风速值在趋势上基本吻合,但现场观测值比数值模拟的结果相对大一些。$R^2 =$

图 3-28　实例区域土地利用现状图

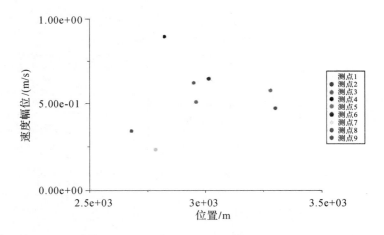

图 3-29　各观测点 1.5m 处模拟风速值

0.011，拟合的效果不好，主要原因在于现场观测时场地内基本为空旷地，建筑物稀疏、密度低，而模拟所建的模型是规划后的场地，因此在建筑高度和建筑密度上都与现状情况存在较大的差别。在对比两个风速值的时候，可以认为多孔介质模拟的风速值与现场观测的风速值趋势一致，模型检验的效果较好。

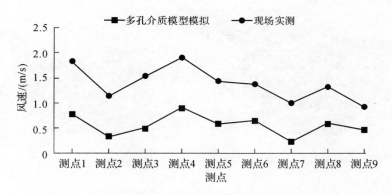

图 3-30　模拟值与观测值趋势对比图

表 3-14　多孔介质模拟风速

测点	1	2	3	4	5	6	7	8	9
风速/(m/s)	0.783	0.342	0.509	0.898	0.580	0.648	0.234	0.622	0.474

表 3-15　观测点风速

测点	1	2	3	4	5	6	7	8	9
风速/(m/s)	1.062	0.786	1.016	0.775	0.427	0.335	1.016	0.721	0.441

(1)夏季核心区风环境整体空间分布特征

以主导风向为西南风的平均风速作为入口边界风速,模拟夏季,未来科技城核心区范围内高1.5m处(行人高度)和10m处的风速分布云图见图3-31。依据Soligo等提出的机械舒适度的准则,石邢等在考虑了人的不同状态下,提出了修正后的机械舒适度评价准则(见表3-16)[①]。对照表3-16,夏季最大风速为4.81m/s,不超过5m/s。其整体平均风速都小于舒适度的最大限值,基本不会造成行人的不舒适感,对人的正常活动基本不会产生影响。

---

① 石邢,李艳霞.面向城市设计的行人高度城市风环境评价准则与方法[J].西部人居环境学刊,2015(5):22—27.

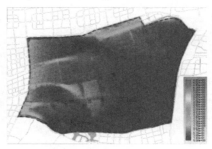

(a) 高1.5m处风速云图　　　　　　　　　(b) 高10m处风速云图

图 3-31　不同高度未来科技城核心区夏季风速分布云图

表 3-16　机械舒适度评价准则

行为类型	舒适的平均风速的限值/(m/s)	频率
静坐	2.5	80%
站立	3.9	80%
行走	5.0	80%
感到危险	14.4	0.1%

　　总体来看,高 1.5m 处的整体风速均较小,较大风速分布区主要在北侧和西南侧,可以达到 2m/s,主要是因为入风口的区域风速会比较大;其次,城市主要道路处的风速相对其他部分的风速较大,在 0.5~1m/s;另外,可以看出文一西路和文二西路之间有一个风速高值区,这主要是受到梯度风的影响。由于未来科技城北侧建筑高度较高,当夏季盛行风吹向北侧的高层建筑时,建筑体的迎风面会形成下行风,与沿着文一西路的西风合流形成角流区(见图 3-32)。而风速云图的右侧部分主要被深色覆盖,说明该处的风速较小,主要是由于高层建筑的阻挡影响较大,并且高 1.5m 处的风速还受到树木的阻挡(见图 3-33(a))。而在高 10m 处的,在一定程度上,高度越高,风速就越大,整体的风速比高 1.5m 处的风速大(见图 3-33(b))。核心区的东南部由于地处湿地周边,布局的建筑群体都是建筑高度、建筑密度较小的,由于来流风在城市内部道路、建筑、植被等的作用下发生转向变为西风,在夏季未来科技城西侧的建筑布局尤为重要。

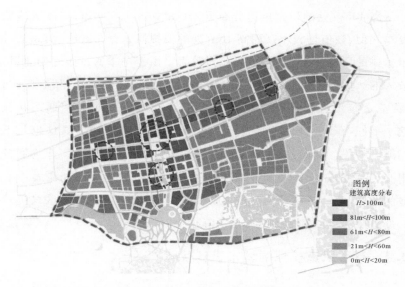

图 3-32　未来科技城核心区建筑高度分布

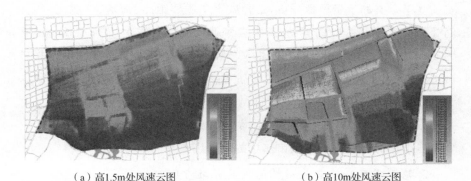

（a）高1.5m处风速云图　　　　　　　（b）高10m处风速云图

图 3-33　不同高度未来科技城核心区冬季风速分布云图

（2）冬季核心区风环境整体空间分布特征

冬季以主导风向为北风的平均风速作为入口边界风速模拟，未来科技城核心区范围内高 1.5m 处（行人高度）和高 10m 处的风速分布云图如图 3-33 所示。总体来看，冬季风速最大为 3.42m/s，不超过 4m/s。杭州冬季气候寒冷潮湿，较大的室外风速不利于给行人提供舒适的环境与感受，但较小的室外风速会使得城市内部的污染物无法向外扩散，导致其滞留在城市中，容易引起呼吸道疾病。

从高1.5m处的模拟风速分布云图(图3-33(a))可知,整体风速状况
与夏季相似,数值均较小。而高10m处的模拟风速分布云图(图3-33(b))
显示整体的风速情况比1.5m处相对较大。由于冬季盛行西北偏北风,风
速较大的区域位于核心区的北部,且冬季主导风从北部进入核心区,与道
路、河流走向几乎呈平行状态,风速大小处于0.8~1.0m/s,通风状况较
其他季节好,在一定程度上,建筑高度越高,其风速也越大。这也与不同
的功能区相关。例如,风速较大的区域为核心区的中心城区,作为商务服
务中心,相应的建筑高度和建筑密度也会与周边的居住区和研发中心有
明显的差别,使其建筑迎风面积密度较高。同样,南部的湿地区块仍然由
于北部高层建筑的遮挡导致风速下降很快,风速较低。

3.3.4　基于风道模拟的城市设计优化

1.基于通风环境量化模拟结果的通风廊道的构建设想

基于上文的定量模拟分析,结合城市中主要道路、河道、绿地、公共空
间等分布特征,主要构建3条主要通风廊道,5条次要通风廊道(见
图3-34)。主要通风廊道顺应夏季主导风向西南风,角度不超过30°,并与
城市河流、主干道相结合,构成2条道路型风道和1条河流型风道,宽度
为120~150m,作为区域气流流动的主要通道。而次要风道的构建主要
是将点状的开放空间串联起来。次要通风廊道的宽度为50~100m,其主
要功能是作为区块内切割城市热场的局地风道。

2.基于通风环境量化模拟结果的开敞空间组织方案

城市开敞空间作为重要的承载冷空气运动的非建设用地在城市中心
建设密集的区域有着举足轻重的作用。它不仅能够提供娱乐休憩等功
能,并且对于城市生态环境的改善有着重要作用。开敞空间的布局需要
满足区域空气交换的要求,应尽量将城市中公园、绿地、广场等点状的开
放空间串联成线状和面状,使得通风廊道的宽度增加,还要构建障碍物相
对少的城市通风廊道。首先,要控制主要通风廊道边的开发建设,以免阻
碍城市通风;其次,通过连续的指状绿色通廊将公共户外活动与湿地景观
相结合,将其引向湿地公园,促进区域通风(见图3-35);最后,建设用地内
的绿化用地走向应尽量垂直于毗邻的开放空间边界,以强调建设用地与

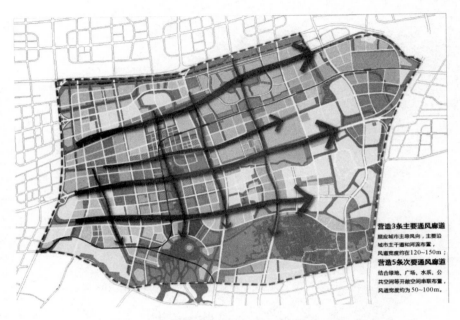

营造3条主要通风廊道
顺应城市主导风向,主要沿
城市主干道和河流布置,
风道宽度约为120~150m;
营造5条次要通风廊道
结合绿地、广场、水系、公
共空间等开敞空间串联布置,
风道宽度约为50~100m。

图 3-34　杭州未来科技城核心区风道构建示意

非建设用地间的绿化连接,确保小范围空气交换。

　　3. 基于通风环境量化模拟结果的街区边界形态控制建议

　　受到近地面冷空气层厚度的限制,在靠近大型开放空间的街区,可以采用开放式的街区边界形态,这样有利于冷空气向街区内部渗透,从而缓解街区内的空气污染,促进空气流通①。通过街区边界形态的控制,能够将开敞空间中的冷空气向城市中的建设用地扩散,提高冷空气渗透率。在开放空间周边的建设区域内部增设生态补偿区,以便在建设用地与开放空间之间形成缓冲区。具体而言,从周边不同的水体形态和城市功能出发,结合城市道路和公共空间,建构商业商贸街区、科技研发街区、旅游休闲街区、文化创意街区和居住街区等不同功能内涵的城市空间肌理,并通过规划开放型的建设方式避免建设组团与大型开敞空间之间的气流阻隔(见图 3-36)。

① Horbert M. Klimatologische Aspekte der Stadtund Landschaftsplanung［M］. Berlin：TU Berlin Universitätsbibliothek，2000.

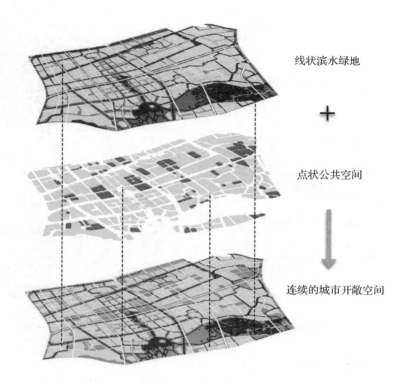

线状滨水绿地

＋

点状公共空间

连续的城市开敞空间

图 3-35　构建促进通风的城市开敞空间示意

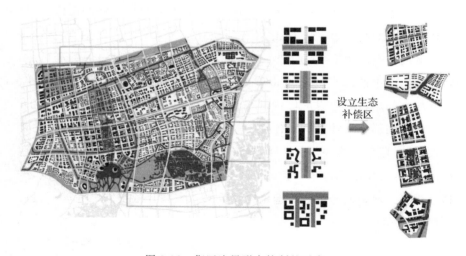

设立生态
补偿区

图 3-36　街区边界形态控制的示意

4.基于通风环境量化模拟结果的土地开发强度调控建议

通过限制建设用地规模、建筑密度或高度等措施减少气团运动阻碍。首先,通过控制开放空间沿线区的建筑密度,以促进开放空间与建设用地间的空气流通。鼓励集中在轨道站点上的超高强度开发,以摊薄城市一般地区的开发强度,形成宜人的空间尺度。而余杭塘河、闲林港、湿地等重要开放空间沿线的建筑密度则需要被降低,以支持小范围内的空气交换。其次,控制通风主轴附近的建筑高度,以避免建设开发阻碍内城通风。例如,文一西路两侧尽量避免建设高大建筑群,其建筑高度须通过微气候分析予以论证(见图 3-37)。再次,以总体功能布局和密度分区的限定为基础,以公共空间为约束,提出城市的高度分区以及空间控制视廊,形成依托轨道站点发展的城市高度标志性区域,向四周公共空间和湿地区域逐步降低的、簇状跌落式城市形态。同时根据“以建设量作为空间资源,进行总量调配”的思路,提出一种平衡集约利用土地和宜人居住环境之间的解决方案。其中,需要控制南北向生态走廊的建设高度,引导北风进入城市中心,与南部生态补偿区相结合,缓解城市热环境(见图 3-38)。

图 3-37　开发强度优化示意

图 3-38　降低建筑高度建议示意

最后,应当控制整体建设用地规模,转变建设开发思路,鼓励复合型高强度开发建设模式。在总量不变的情况下,弹性控制地块开发强度,提出容积率转移以及奖励机制,以最小化开发建设引发的气流扰动。

5.基于通风环境量化模拟结果的道路系统的规划优化

在城市风道规划中,城市道路作为一种通风效果良好的空气引导通道有着重要的地位。道路除了本身可作为风道载体,还可以与城市滨水空间、城市绿带等大型开敞空间结合,成为缓解城市通风问题的重要一环。因此,在城市道路系统布局时,应充分重视道路结构在通风上的影响。首先,通过模拟可以看出在目前的方案中主干道的通风效果并没有作用到城市内部,因此应该丰富各个区块内部的路网,增加道路的密度,将自然风引入街区的各个角落。各区块内的道路走向应顺应冷空气的来流方向,以便引导开放空间中的补偿气团;南北向的廊道轴线不仅可以将北部的冷空气引导进入城市中心,又能强化南北的区域功能联系和视觉联系(见图 3-39)。其次,由于新建城区的道路宽度均是采用了标准的数据,可以考虑通过依靠增加道路旁的连续性绿地,以增加风道的宽度。同时,基于树木植物的蒸腾和荫蔽作用,在城市设计导则中需要落实行道树

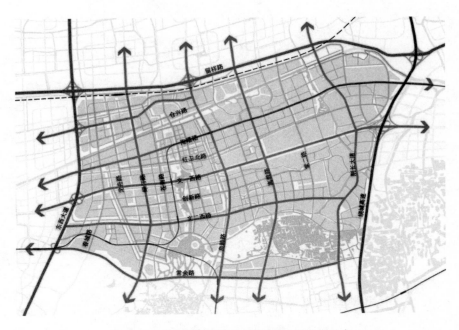

图 3-39　未来科技城核心区道路系统优化示意

种植,以减少干道升温,增加冷空气的运动距离。最后,将城市道路与大型开敞空间相结合,以形成冷热气团交换通道。例如,通过高教路、良睦路连通大型湿地这一新鲜空气集聚地,以便城市冷热交换。

第4章　街区尺度城市风道
通风效果的量化分析

4.1　街区尺度城市风道通风效果的量化模拟

4.1.1　不同类型城市风道三维空间模型构建

为了揭示不同类型城市风道在理想状态时的风道宽度、建筑体高度对街区通风效果的影响,需要建立研究所需的对照组,这些对照组三维空间模型构建时所考虑的主要因子是风道类型、风道宽度和建筑体高度。三维空间模型的构建方法有多种,特别是随着各种三维空间建模软件的兴起,软件格式的种类越来越多,软件平台之间的兼容性越来越高。在选取建模软件时,主要考虑的因素是与 CFD 软件的兼容性以及软件建模效率和模拟结果的精确性,还与用户的具体操作习惯有很大关系。本书使用的 CFD 软件为 Fluent。Fluent 软件被 ANSYS 公司收购之后被集成在 Workbench 平台。可以通过 Workbench 平台下的前处理软件如 Gambit、Mesh、ICEM CFD,还可以用该平台以外的软件如 Unigraphics NX、Sketch up、AutoCAD 等来进行三维空间建模。基于模型数据量大的特点以及使用习惯,我们采用 AutoCAD 软件绘制三维模型(见图 4-1)。我们将对照组共分成三组,构建了 9 个风道空间模型。第一组,以风道宽度为变量(依次为 30m、40m、50m、80m、100m)分为道路型风道、绿地型风道和水体型风道,在 AutoCAD 中绘制成三维空间模型。需要注意的是,为了方便在 Fluent 软件中对风道以及建筑群之间的空地单独设置粗糙度,构建模型时需对风道和建筑群空地单独命名。第二组,在第一组已建模型的基础上,新增 4 个模型,以建筑高度为变量,新增模型的建筑高度为 24m、36m、60m、72m,同样需对模型的风道表面和建筑群空地单独命名。第三组,以风道类型为变量,选取风道宽度分别为 30m、40m、50m 进行分析,无须新增模型。

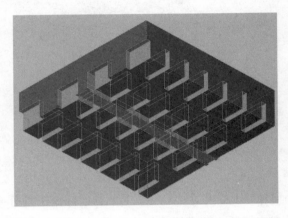

图 4-1　基于 AutoCAD 软件构建的风道三维模型

4.1.2　不同类型城市风道风场的 CFD 三维量化模拟

1. 置入几何模型

通常来讲,导入到 CFD 软件中的几何模型可以分为二维模型和三维模型两种。对二维模型进行分析可以得到二维平面上的流场信息,但是无法得到第三空间维度上的信息。如果要量化分析城市风场在三维空间的分布特征,则需要导入三维空间模型来开展分析。本书主要揭示不同类型风道在不同风道宽度和建筑高度条件下的城市风道通风效果,因此,需要获取 3 个空间维度上的风场信息。CFD 软件为 Fluent,目前集成在 Workbench 工作平台中,该平台包括一系列前处理软件,包括建模和划分网格,被广泛使用的主要有 Gambit、Mesh、ICEM CFD 等。本书利用 Mesh 划分网格,分为三组进行对照组模拟分析。具体是将建立好的城市风道三维模型置入 Mesh 软件中,并且设置好模拟的初始条件。导入 Mesh 中的文件为 sat 格式。另外,为了方便在后处理软件 CFD-POST 中进行切面生成操作,需尽量将模型中的一个角点建立在坐标原点,同时尽量将风道方向调整为正南北或正东西走向。将模型置入 Mesh 软件后,即可为划分网格做准备(见图 4-2)。

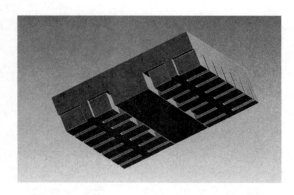

图 4-2　置入 ANSYS Mesh 中的三维模型

2. 划分网格

在实际的模拟仿真工作中,大约有 80% 的时间用于划分网格,可以说网格生成的效率直接影响到模拟工作的效率。目前被广泛使用的划分网格的软件主要有 Gambit、Mesh、ICEM CFD 等,各自具有其优缺点和适用性。

Gambit 是 Fluent 公司根据 CFD 计算的特殊要求而开发的前处理软件,使用映射网格划分技术,能自动对几何对象进行分割,适合逻辑形状为三角形或四边形的面,在几何形状不复杂时,能生成高质量网格,但是版本无更新。Mesh 网格划分平台具有参数化、稳定性、高度自动化、灵活性、物理相关以及自适应结构等特点,尤其适合复杂模型网格的划分,对于简单模型优势则不够突出。ICEM CFD 网格划分功能强大,不仅能划分非结构化网格,还能划分结构化网格,这也是其备受用户青睐的原因,对于复杂模型可以手动设置网格节点分布,但工作量较大,其建模功能也较弱。各软件划分网格的优缺点以及适用性与算法有关①(见表 4-1)。

---

① 黄志超,包忠诩,周天瑞,等. 有限元网格划分技术研究[J]. 南昌大学学报(工科版),2001,23(4):25-31,44.

表 4-1　几种典型网格生成算法对比

分类方法	三角形	四边形	六面体	单元形状	密度控制	自动程度
映射法	也可	是	是	好	能	低
Delaunay 法	是	否	否	好	好	高
三角合成法	—	是	是	好	好	高
Paving 法	也可	是	是	好	一般	一般
子域分离法	是	也可	否	一般	能局部控制	一般
叉树法	是	是	是	内部好	能局部控制	高
栅格法	也可	是	是	内部好	能局部控制	高

　　本章选用的网格划分软件为 Mesh,需将对照组的 9 个模型都划分网格,网格为非结构化四面体网格。非结构化网格的优势在于,它不受解域的拓扑结构与边界形状限制,能够根据流场特征自动调整网格密度,适合街区尺度的城市风环境模拟研究,也能够保证计算结果更接近实际[①]。

　　首先在 ANSYS Workbench 中打开 Mesh,然后通过 Geometry 导入建立的 sat 文件,选择几何表面进行命名,分别表示进口(inlet)、出口(outlet)、建筑群空隙表面(a)、风道表面(b)、其余表面默认为壁面(wall)。采用高级网格划分功能为曲面,关联中心缺省值为粗糙(coarse),平滑度为中等(medium),选择过渡模式为慢(slow),网格最小尺寸为默认的0.28633mm,网格最大尺寸为 4mm,最小边缘长度 0.5mm,膨胀率为默认值 1.2(见图 4-3)。需要说明的是,原模型尺寸大小为 400m×400m,若按照该尺寸划分网格,生成的网格数量巨大,导致后期解算过程异常缓慢。根据流体力学相似性定理,可以采用缩尺模型进行计算,即将原尺寸缩小一定比例后,再进行划分网格及求解运算。将所有模型按照等比例缩小1000 倍后进行网格划分。生成结果显示,网格数量仍达到百万级别,经检查网格质量后未出现负向体积,网格质量良好。

　　设置好参数之后,执行生成网格操作。以 d30h48r00 模型(表示风道宽度为 30m,建筑高度为 48m,风道粗糙度为 0m,水体型风道)为例,生成

---

① 　石邢,曾佑海.基于 CFD 技术的城市风环境设计策略研究——以重庆市永川区凤凰湖城市设计为例[J].建筑与文化,2015,133(4):158－159.

Details of "Mesh"		
Display		
Display Style	Body Color	
Defaults		
Physics Preference	CFD	
Solver Preference	Fluent	
Relevance	0	
Sizing		
Use Advanced Size Function	On: Curvature	
Relevance Center	Coarse	
Initial Size Seed	Active Assembly	
Smoothing	Medium	
Transition	Slow	
Span Angle Center	Fine	
Curvature Normal Angle	Default (18.0 °)	
Min Size	Default (0.286330 mm)	
Max Face Size	2.0 mm	
Max Size	4.0 mm	
Growth Rate	Default (1.20)	
Minimum Edge Length	0.50 mm	
Inflation		
Assembly Meshing		
Patch Conforming Options		
Patch Independent Options		
Advanced		
Defeaturing		
Statistics		
Nodes	854896	
Elements	4596803	
Mesh Metric	None	

图 4-3　网格划分参数设置

网格 4608755 个,面 9391707 个,节点 857150 个(见图 4-4、图 4-5)。对网格体积进行检查,发现未出现负向体积,minimum orthogonal quality 以及 maximum aspect ratio 指标均满足要求。

图 4-4　风道模型的计算空间网格

图 4-5　风道模型壁面 wall 网格

在划分网格过程中,将网格由疏到密逐渐加密进行网格敏感性测试。多次测试表明,由于研究区域模型较大,网格生成效率以及计算效率很低。根据流体力学相似性原理对模型缩小 1000 倍后,网格生成效率以及计算效率显著提高,且对网格敏感性存在一定影响。对缩放后模型进行网格敏感性测试,最终确定当最大网格尺寸为 4mm、最小网格尺寸为 0.3mm 左右时,网格依赖度处于较低水平。

3. 设置边界条件

选取 k-ε 湍流模型,定义边界条件。

(1)入流边界

流场入口采用速度进口(velocity inlet),受城市下垫面粗糙度的影响,风在穿过街区的过程中能量发生衰减,风速降低,而其本身结构也会发生变化。一般情况下,地面以上 300m(小于 1000m)范围内均属于大气边界层范围,这个范围以上的风速不会受到地表粗糙度的影响,可以在大气梯度作用下自由流动[①]。近地面入口的风速服从指数方程分布

$$u = u_0 \left(\frac{z}{z_0} \right)^{\alpha} \tag{4-1}$$

式中:u 为距地面 z 高度处的风速,单位为 m/s;u_0 为参考高度处的风速;z_0 为气象站风速测点高度,一般为 10m;α 为地面粗糙度。

对照组建立的三维空间模型中的风道方向均为南北向,街区为规则的 400m×400m 方形地块,以垂直于风道方向的上边线作为速度入口,10m 高度处初始速度为 3m/s。

(2)出流边界

定义流场出口为压力出口(outflow),以垂直于风道方向的下边线作为压力出口,假设出流面上的流动已经充分发展,流动已经恢复为无阻碍的正常流动,出口压力为零。

(3)天空高度

考虑到模型中建筑高度最高仅为 72m,将模型的天空高度设为 100m,既可保证模拟所需的正常环境,也可减少网格数量,提高运算效率。

---

① 石邢,李艳霞. 面向城市设计的行人高度城市风环境评价准则与方法[J]. 西部人居环境学刊,2015(5):22—27.

（4）其他边界

计算边界的划定与计算域有关。在选取计算域时未在研究区域四周延伸一定区域，主要有两个原因：首先，需对街区通风的风速比例进行定量化研究，这决定了研究区域需为封闭空间。多数 CFD 指南中在选取计算域时，通常在研究区域四周进行一定的延伸，这主要适用于无须求解研究区域风速比例的情况。若对研究区域四周进行延伸，在对研究区域设置边界条件时会遇到困难。因此本书未采取相关指南中对研究区域进行延伸的做法。其次，在研究范围四周进行延伸后增加了模型计算量，降低了数值运算效率。将街区的范围线作为侧面边界，即围合的 400m×400m 边界，建筑物表面和建筑物固定不动，采用无滑移壁面（no slip wall）条件。

4. 求解设置

设定重力参数 gravity 的值为 $-9.8\mathrm{m/s^2}$。流体材料设置为空气。选取湍流模型为标准 $k\text{-}\varepsilon$ 模型，适用于初始迭代、设计选型以及参数研究，其余参数默认，即 $C_\mu=0.09$，$C_{\varepsilon 1}=1.44$，$C_{\varepsilon 2}=1.92$，$\sigma_k=1$，$\sigma_\varepsilon=1.3$。本章采用 SIMPLEC 算法，收敛准则为连续性绝对残差、动量项绝对残差以及湍流动能绝对残差小于 0.001。与软件默认的 SIMPLE 算法相比，SIMPLEC 算法改进了速度修正公式，解决了速度修正不协调问题，其压力不再需要松弛，收敛性速度更快。

5. 风道风场影响因素甄别与分析

模拟分 3 组进行，涉及 9 个模型，共模拟 27 次。现分别对每组情况进行说明。以下对相关图表的命名规则为"d＋宽度＋h＋高度＋r＋粗糙度＋vc（或 vv，或 pc，或 vh）"，其中 vc 表示速度分布云图，pc 表示风压分布云图，vv 表示速度矢量云图，vh 表示速度分布直方图。例如宽度为 30m，高度为 48m 的水体型风道的速度分布云图名称为"d30h48r00vc"。

城市风道通风环境质量的评价标准为，小于 1.5m/s 速度比例越低越好，1.5～5m/s 速度比例越高越好，大于 5m/s 速度比例越低越好，当最大风速大于 5m/s 时，最大风速越小越好。

在对城市风道宽度、建筑高度、城市风道类型进行研究时，将城市风道宽度取值为 30m、40m、50m、80m、100m，将建筑高度取值为 24m、

36m、48m、60m、72m，在对结果进行分析时，根据风速比例随变量取值的变化情况来判断最优取值区间以及最优值，即最优取值区间的节点受到变量取值的精细程度的影响。本章将风速比例及最大风速作为城市风道通风能力的评价标准，认为其差异大到足以判断取值区间。若考虑计算次数过少带来的误差，可能存在一个误差范围，后续研究中可进一步深化。

（1）第一组，以风道宽度为变量

这一组需要用到 5 个模型，共模拟 15 次，以宽度为变量，风道宽度分别为 30m、40m、50m、80m、100m，建筑高度为 48m，道路型风道、绿地型风道、水体型风道的粗糙度分别为 0.0013m、0.0052m、0m。运用 CFD-POST 后处理软件，从每次运算结果中获取风速分布云图、风速矢量云图、风压分布云图和风速分布直方图。首先是对风速分布云图的分析。在 CFD-POST 中，可以选择查看全局范围内的风速分布云图，也可以查看 x、y、z 这 3 个方向中任意方向截取的局部云图，还可以查看风速分布直方图。因为主要是要通过考察距离地面行人高度 1.5m 处的风速比例来评价城市通风环境，所以本书截取 z 轴方向高度为 1.5m 的切面作为分析面。下文中，风速分布云图及风速矢量云图均是取自距离地面行人高度 1.5m 处。风压属于人体较难感知的气象学参数，当风速较低时，风压对人体造成的不适感并不强烈，因此不对其进行详细分析。由第一组模拟结果可选择生成 15 幅速度分布云图、15 幅速度矢量云图、15 幅速度分布直方图。

1）道路型风道（粗糙度设定为 0.0013m，图表中缩写格式为 r0013）

由道路型风道的风速云图（图 4-6、图 4-7）可知，在初始速度为 3m/s 的风速下，风速在部分区域会超过初始速度，根据流体的质量守恒方程，这种情况为正常现象。当风道宽度为 30m 时，建筑侧向区域风速的连续性好于中间的风道，但是风道边缘受到扰动较小，直观上表现为风速矢量箭头趋向性更好，湍流现象不严重。随着风道宽度的增大，风道中的风速连续性明显好于其他区域，且湍流现象进一步减弱，而其他区域变化情况与之相反，但这时街区内静风区域面积仍然较大，是城市通风环境质量较差的表现。当风道宽度为 50m 时，静风区面积明显减小，表明通风状况良好。当风道宽度增大到 80m 时，风道内风速大于 1.5m/s 的区域较多，静风区面积进一步减小；当风道宽度进一步增大到 100m 时，风速开始降低，静风区域增多。

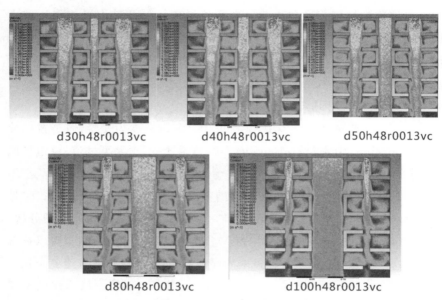

图 4-6　第一组道路型风道速度分布云图

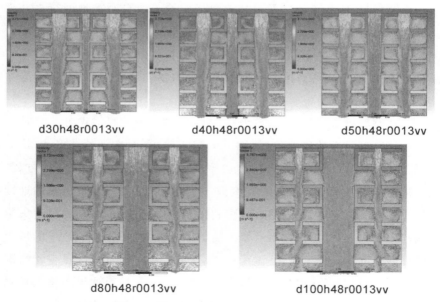

图 4-7　第一组道路型风道速度矢量云图

　　由风速分布直方图(图 4-8)可知,当风道宽度为 30m 时,整个街区内的最大风速为 3.72m/s,风速区间为 1.5～3.72m/s 的比例为 63%,1.5m/s 以下风速比例为 37%。当风道宽度为 40m 时,整个街区内的最大风速为 3.73m/s,风速区间为 1.5～3.73m/s 的比例为 63%,1.5m/s 以下风速比例为 37%。当风道宽度为 50m 时,整个街区内的最大风速为 3.67m/s,风速区间为 1.5～3.67m/s 的比例为 67%,1.5m/s 以下风速比例为 33%。当风道宽度为 80m 时,整个街区内的最大风速为 3.68m/s,风速区间为 1.5～3.68m/s 的比例为 67%,1.5m/s 以下风速比例为 33%左右;当风道宽度为 100m 时,整个街区内的最大风速为 3.79m/s,风速区间为 1.5～3.79m/s 的比例为 65%,1.5m/s 以下风速比例为 35%(见表 4-2)。

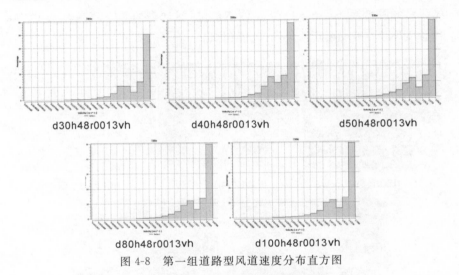

图 4-8　第一组道路型风道速度分布直方图

表 4-2　第一组道路型风道风速指标

类型	宽度/m	最大风速/(m/s)	≥1.5m/s 比例/%	<1.5m/s 比例/%
道路	30	3.72	63	37
道路	40	3.73	63	37
道路	50	3.67	67	33
道路	80	3.68	67	33
道路	100	3.79	65	35

随着风道宽度的增大，风速大于等于 1.5m/s 比例保持动态稳定，最大风速虽有波动但仍可视为呈增大趋势。可初步判断，在所选宽度中，当风道宽度在 50～80m 时，道路型风道的通风效果较好，结合风速云图可进一步判断出 80m 宽度时通风效果最佳。

2）绿地型风道（粗糙度设定为 0.0052m，图表中缩写格式为 r0052）

由对绿地型风道的风速云图（图 4-9、图 4-10）分析可知，当风道宽度为 30m 时，风道边缘受到扰动较小，但是存在较多静风区域。当风道宽度为 40m 时，静风区域面积明显增大，不利于形成良好的城市风环境。当风道宽度为 50m 时，风道中的风速连续性明显好于其他区域，静风区域面积逐渐减小。当风道宽度增大到 80m 时，静风区域面积达到最小，风道的通风环境达到最佳。当风道宽度进一步增大到 100m 时，风道内大部分区域风速已经降低至 1.5m/s 以下。总体来说，绿地型风道宽度增大过程中，其通风环境变化规律与道路型风道相似。

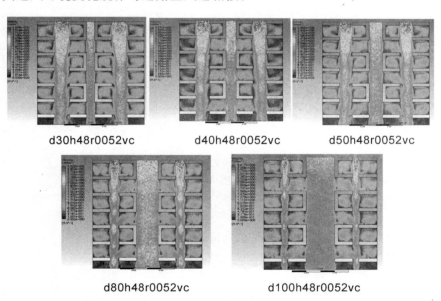

d30h48r0052vc   d40h48r0052vc   d50h48r0052vc

d80h48r0052vc   d100h48r0052vc

图 4-9　第一组绿地型风道速度分布云图

风速分布直方图分析的结果可整理为表 4-3。

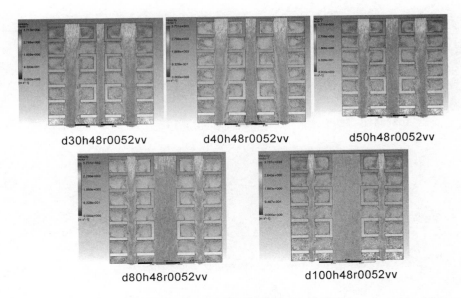

d30h48r0052vv　　　　d40h48r0052vv　　　　d50h48r0052vv

d80h48r0052vv　　　　　　d100h48r0052vv

图 4-10　第一组绿地型风道速度矢量云图

表 4-3　第一组绿地型风道风速指标

类型	宽度/m	最大风速/（m/s）	≥1.5m/s 比例/%	<1.5m/s 比例/%
绿地	30	3.70	63	37
绿地	40	3.73	65	35
绿地	50	3.68	69	31
绿地	80	3.65	68	32
绿地	100	3.64	69	31

　　由对风速分布直方图（图 4-11）的分析可知，随着风道宽度的增大，最大风速逐渐增大并在 50m 宽度左右开始降低，而大于等于 1.5m/s 的风速比例基本呈增加趋势。这表明对于绿地型风道而言，宽度在 50～80m 时通风效果较好。单就直方图数据来看，难以确定宽度最优值，但结合风速云图来进行分析，可初步判断在所选宽度中 80m 宽的绿地型风道对于整个街区的通风效果达到最佳。

　　3）水体型风道（其粗糙度设定为 0m，图表中缩写格式为 r00）

　　由水体型风道的风速云图（图 4-12、图 4-13）可知：当风道宽度为 30m 时，风道边缘受到扰动较小，同时静风区域较大；当风道宽度为 40m 时，风

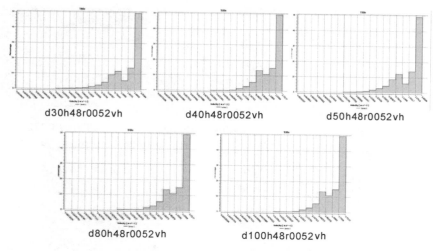

图 4-11　第一组绿地型风道速度分布直方图

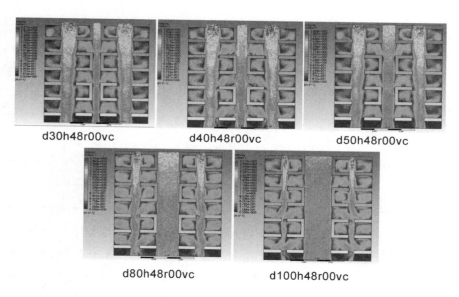

图 4-12　第一组水体型风道速度分布云图

道边缘受到扰动增大,湍流逐渐增强,静风区域面积开始减小;当风道宽度为 50m 时,随着宽度的增加,峡谷效应减弱,风道边缘受到扰动变小,静风区域面积进一步减小。当风道宽度增大到 80m 时,风速大于等于 1.5m/s 的区域增多,静风区域面积明显减小,风道的通风环境达到最佳。

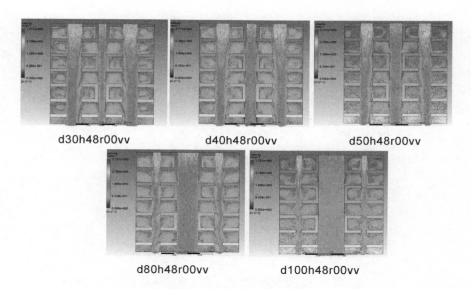

图 4-13　第一组水体型风道速度矢量云图

当风道宽度进一步增大到 100m 时,风道内大部分区域风速已经降低至 1.5m/s 以下。而除风道以外的其他区域难以形成连续的风场,风路径容易被围合式建筑排布方式引起的湍流稀释,从而影响整体通风效果。

风速分布直方图分析的结果可整理为表 4-4 和图 4-14。

表 4-4　第一组水体型风道风速指标

类型	宽度/m	最大风速/(m/s)	≥1.5m/s 比例/%	<1.5m/s 比例/%
水体	30	3.72	64	36
水体	40	3.73	66	34
水体	50	3.73	66	34
水体	80	3.66	65	35
水体	100	3.69	64	36

单就风速分布直方图数据可知,随着风道宽度的增大,水体型风道最大风速和大于等于 1.5m/s 风速比例总体上在 40~80m 维持较高水平,结合风速云图可进一步判断 80m 宽度为最佳值。因此,对于道路型风道和绿地型风道而言,其适宜的宽度为 50~80m,以 80m 为最佳;对于水体

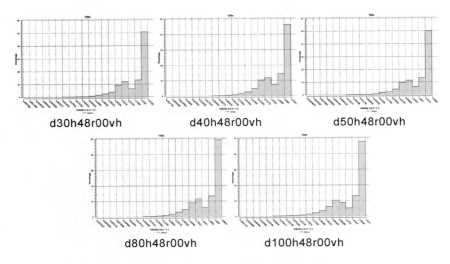

d30h48r00vh　　　　　　d40h48r00vh　　　　　　d50h48r00vh

d80h48r00vh　　　　　　　　d100h48r00vh

图 4-14　第一组水体型风道速度分布直方图

型风道而言,其适宜的宽度为 40～80m,最佳值为 80m。取公共部分后得到这三种风道的适宜宽度为 50～80m,以 80m 为最佳。

综上所述,不管是哪种风道,都表现出共同的特征,即风道宽度越大,通风效果越好。风道的适宜宽度为 50～80m,80m 宽度时的风道通风效果最好。在该取值区间状态下,从云图上来看,基本呈现风速连续性强,静风区小等特点,比较利于形成良好的城市通风环境;从指标来看,小于 1.5m/s 风速比例较低,1.5～5m/s 风速比例较高,大于 5m/s 风速比例较低;最大风速均小于 5m/s。

(2)第二组,以建筑高度为变量

这一组模型需涉及 9 个模型,模拟 12 次(原本需模拟 15 次,但在第一组模拟已经完成的情况下,除去第一组中已经模拟的 3 次,只需再模拟 12 次),其中有 5 个模型在第一组中已经构建,仅需新增 4 个模型,建筑高度分别为 24m、36m、60m 和 72m,风道宽度为 50m。为控制变量,本组模拟中不考虑建筑日照间距随建筑高度的变化。本章所讨论的对照组模型中的建筑前后间距均为 48m。

1)道路型风道

由风速分布云图和风速矢量云图(图 4-15、图 4-16)可知,在风道宽度均为 50m 的条件下,随着建筑高度的增大,峡谷效应逐渐明显,表现为风

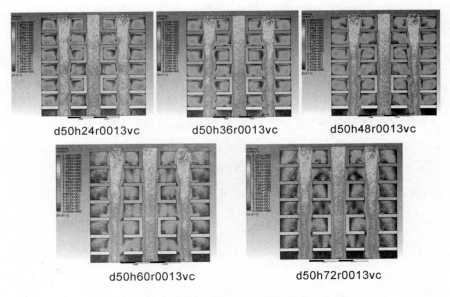

d50h24r0013vc　　　d50h36r0013vc　　　d50h48r0013vc

d50h60r0013vc　　　　　d50h72r0013vc

图 4-15　第二组道路型风道速度分布云图

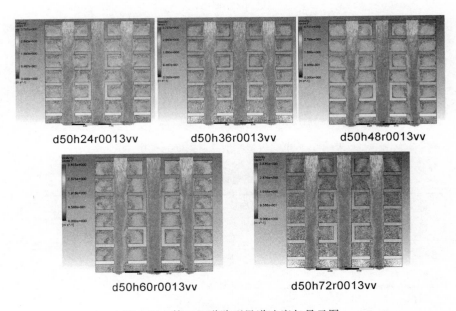

d50h24r0013vv　　　d50h36r0013vv　　　d50h48r0013vv

d50h60r0013vv　　　　　d50h72r0013vv

图 4-16　第二组道路型风道速度矢量云图

道及建筑侧向距离空气流场的边缘弱风区厚度逐渐增加,入口处高风速区域衰减较为明显,静风区域面积总体保持减小趋势。当建筑高度为

48m时,静风区域面积达到最小,随着高度的持续增加,静风区域面积又逐渐增大。因此,可初步判断当建筑高度为48m时道路型风道能达到最佳通风效果。为了佐证该判断,还需进一步对风速分布直方图进行分析。

由道路型风道的风速分布直方图(图4-17)和表4-5可知,随着建筑高度的增大,街区内的最大风速呈逐渐增大趋势,而大于等于1.5m/s风速比例呈逐渐降低趋势,风速小于1.5m/s的弱风比例则逐渐增大,表明静风区域面积也逐渐增大,不利于良好城市风环境的形成。由此可知,对于改善街区通风环境而言,合适的建筑高度应在24～48m,而高度为48m时,街区内静风区域面积最小,整体通风环境达到最佳。

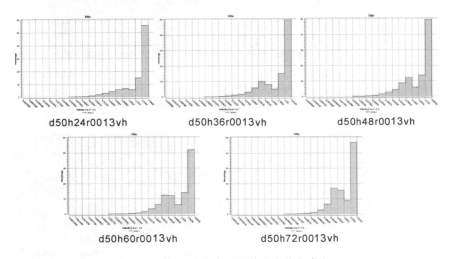

d50h24r0013vh   d50h36r0013vh   d50h48r0013vh

d50h60r0013vh   d50h72r0013vh

图4-17　第二组道路型风道速度分布直方图

表4-5　第二组道路型风道风速比例

类型	宽度/m	最大风速/(m/s)	≥1.5m/s比例/%	<1.5m/s比例/%
道路	24	3.57	74	26
道路	36	3.61	67	33
道路	48	3.67	66	34
道路	60	3.84	56	44
道路	72	3.82	52	48

考虑到模型中24m、36m高度的建筑前后间距均大于实际情况,而

60m、72m 高度的建筑模型的前后间距又小于实际情况,再考虑到用地的经济性,宜将 48m 作为合适的建筑高度。通过结合速度云图、速度直方图结果以及用地的经济性,最终确定适宜建筑高度为 24m～48m,以 48m 为最佳。

　　2)绿地型风道

　　其风速分布云图以及风速矢量云图(图 4-18、图 4-19)表明,随着建筑

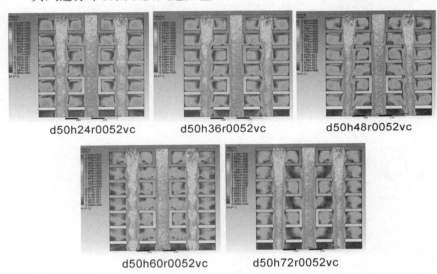

d50h24r0052vc　　　d50h36r0052vc　　　d50h48r0052vc

d50h60r0052vc　　　d50h72r0052vc

图 4-18　第二组绿地型风道速度分布云图

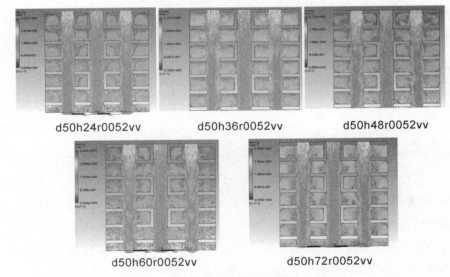

d50h24r0052vv　　　d50h36r0052vv　　　d50h48r0052vv

d50h60r0052vv　　　d50h72r0052vv

图 4-19　第二组绿地型风道速度矢量云图

高度的增大,风道峡谷效应依然呈增大趋势,风道边缘弱风区厚度持续增加,静风区域面积在动态中呈减小趋势,在高度为 48m 时达到最小,随后又逐渐增大。湍流呈周期性规律,可能导致风速峰值不断上升。

将对风速分布直方图(图 4-20)的分析结果整理成表 4-6。

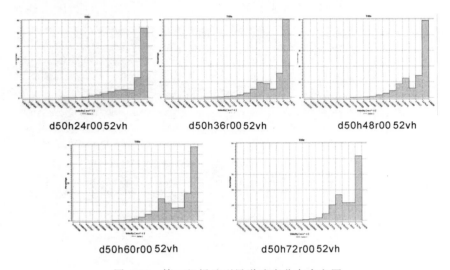

d50h24r00 52vh　　　　d50h36r00 52vh　　　　d50h48r00 52vh

d50h60r00 52vh　　　　d50h72r00 52vh

图 4-20　第二组绿地型风道速度分布直方图

表 4-6　第二组绿地型风道风速指标

类型	建筑高度/m	最大风速/(m/s)	≥1.5m/s 比例/%	<1.5m/s 比例/%
绿地	24	3.58	75	25
绿地	36	3.62	70	30
绿地	48	3.68	69	31
绿地	60	3.69	60	40
绿地	72	3.94	54	46

综合对绿地型风道的风速分布云图以及风速分布直方图的分析可知,随着建筑高度的增大,街区内的最大风速也呈逐渐增大趋势,同样是受到峡谷效应影响,而风速大于等于 1.5m/s 的比例呈逐渐降低趋势,风速小于 1.5m/s 的弱风比例则逐渐增大,不利于良好城市风环境的形成。因此,对于绿地型风道而言,在促进街区尺度通风方面,合适的建筑高度应为 24～48m,尤以 48m 为最佳。

3）水体型风道

其风速分布云图和风速矢量云图（图 4-21、图 4-22）显示，随着建筑高度的增大，风道峡谷效应依然呈增大趋势，风道边缘弱风区厚度持续增加，静风区域面积也在逐渐增大，湍流呈周期性出现规律，可能导致风速

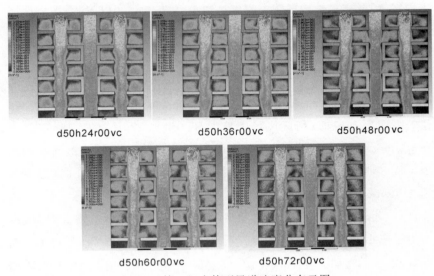

d50h24r00vc　　　　　d50h36r00vc　　　　　d50h48r00vc

d50h60r00vc　　　　　d50h72r00vc

图 4-21　第二组水体型风道速度分布云图

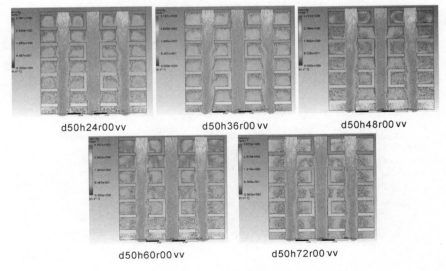

d50h24r00vv　　　　　d50h36r00vv　　　　　d50h48r00vv

d50h60r00vv　　　　　d50h72r00vv

图 4-22　第二组水体型风道速度矢量云图

峰值不断上升。其变化规律与道路型风道和绿地型风道相似,在建筑高度为 60m 时湍流强度达到较高水平,随后开始减弱。风场的湍流强度与流通区域空间形态和风速有关,围合式或半围合式建筑排布容易导致湍流形成。湍流强度过大会导致局部风流速加快,风速大于 5m/s 会对人体产生危害,因此应尽量减弱湍流强度。建筑高度在 36m 以下时,静风区域面积基本保持在较低水平,在 48m 高度处出现明显增大,随之又开始减小。水体型风道静风区域面积变化规律与前两种存在偏差,其原因可能是风道粗糙度骤降为 0m 导致,说明粗糙度对城市通风效果的影响较大。

由水体型风道的风速分布直方图和风速指标(图 4-23、表 4-7)可知,当建筑高度为 72m 时,街区风场中最大可产生 3.82m/s 的风速,但其风速在 1.5m/s 以下比例达到 51%,弱风面积太大不利于街区空气流通和污染物扩散,影响通风环境和空气质量;当建筑高度在 24~48m 时,最大风速为 3.56m/s,1.5~3.56m/s 区间风速比例为 76%,弱风比例为 24%,风环境良好;随着建筑高度的增加,最大风速和弱风比例也呈增大趋势,风速增加幅度小于弱风比例增加幅度。在城市风环境评价中,当风速达到标准时,更多需考虑减小弱风比例,以增强城市通风。因此,对于水体型风道而言,在选取研究的建筑高度数值中,建筑高度宜在 24~48m,以48m 为最佳。

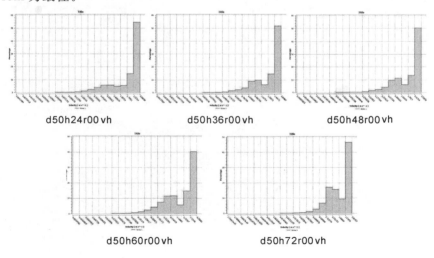

d50h24r00 vh   d50h36r00 vh   d50h48r00 vh

d50h60r00 vh   d50h72r00 vh

图 4-23 第二组水体型风道速度分布直方图

表 4-7　第二组水体型风道风速指标

类型	建筑高度/m	最大风速/(m/s)	≥1.5m/s 比例/%	<1.5m/s 比例/%
水体	24	3.56	76	24
水体	36	3.64	67	33
水体	48	3.73	63	37
水体	60	3.76	55	45
水体	72	3.82	49	51

(3)第三组,以风道类型为变量

第三组研究城市风道类型对于街区通风效果的影响,其关键在于通过设置模型的粗糙度来对城市风道类型加以区分。根据上文研究结果可知,道路型风道、绿地型风道和水体型风道表面的粗糙度分别为0.0013m、0.0052m、0m,建筑高度均为48m。为保证研究更加充分,分析不同风道宽度情况下的通风情况。本组模拟可以直接采用第一组模拟的结果,建筑高度设定为48m。当风道宽度分别为30m、40m、50m时,各类型城市风道风速云图及速度分布直方图的规律见图4-24到图4-32以及表4-8。

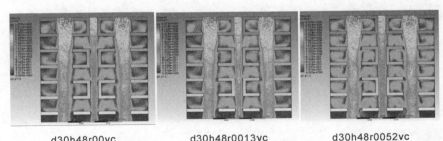

d30h48r00vc　　　　d30h48r0013vc　　　　d30h48r0052vc

图 4-24　第三组 30m 宽度风道速度分布云图

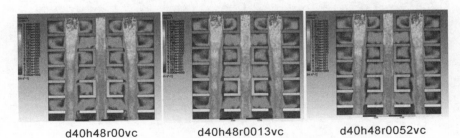

d40h48r00vc　　　　d40h48r0013vc　　　　d40h48r0052vc

图 4-25　第三组 40m 宽度风道速度分布云图

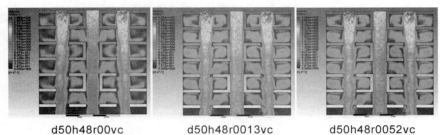

d50h48r00vc　　　　　　d50h48r0013vc　　　　　　d50h48r0052vc

图 4-26　第三组 50m 宽度风道速度分布云图

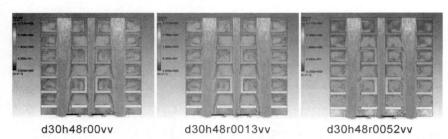

d30h48r00vv　　　　　　d30h48r0013vv　　　　　　d30h48r0052vv

图 4-27　第三组 30m 宽度风道速度矢量云图

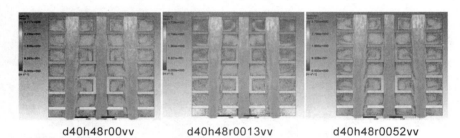

d40h48r00vv　　　　　　d40h48r0013vv　　　　　　d40h48r0052vv

图 4-28　第三组 40m 宽度风道速度矢量云图

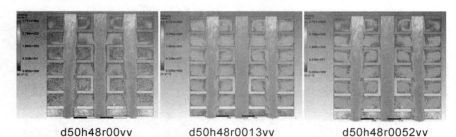

d50h48r00vv　　　　　　d50h48r0013vv　　　　　　d50h48r0052vv

图 4-29　第三组 50m 宽度风道速度矢量云图

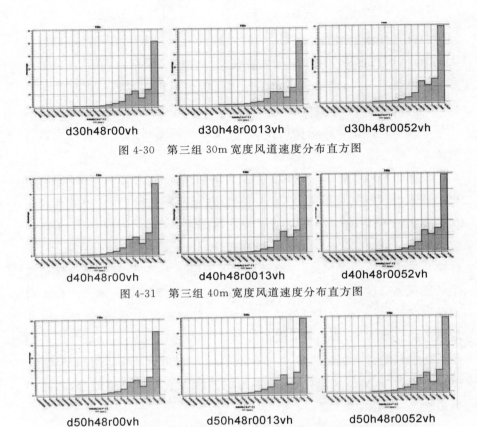

图 4-30　第三组 30m 宽度风道速度分布直方图

图 4-31　第三组 40m 宽度风道速度分布直方图

图 4-32　第三组 50m 宽度风道速度分布直方图

表 4-8　第三组各类型风道风速比例

宽度/m	风道类型及名称	最大风速/(m/s)	≥1.5m/s 比例/%	<1.5m/s 比例/%
30	d30h48r00vh	3.72	64	36
	d30h48r0013vh	3.71	63	37
	d30h48r0052vh	3.73	59	41
40	d40h48r00vh	3.72	63	37
	d40h48r0013vh	3.73	62	38
	d40h48r0052vh	3.73	59	41
50	d50h48r00vh	3.73	64	36
	d50h48r0013vh	3.67	63	37
	d50h48r0052vh	3.68	64	36

单从云图信息来看,该截面上静风区域面积随着风道表面粗糙度增大而减小,因此容易产生风道表面空气动力学粗糙度越大,静风区域面积越小的结论。另外,造成该现象的原因可能是风道表面粗糙度突变时形成高强度湍流,从而在部分区域内形成空气扰动,进而在一定程度上加快了风的流通。要论证该结论的正确性,需进一步通过直方图信息来进行验证。

不同类型城市风道的风速分布直方图数据显示,城市风道类型,即城市风道表面粗糙度对于整个街区内的最大风速影响较小,三种城市风道类型在大于等于 1.5m/s 的风速区间上的比例都在 59%～64%。不同风道宽度的统计数据表明,在风速大于等于 1.5m/s 的速度比例指标上,水体型风道大于道路型风道,道路型风道大于绿地型风道,这表明水体型风道的通风能力优于道路型风道,道路型风道优于绿地型风道。可初步得出的结论为,三种城市风道类型中,水体型风道通风效果最佳。因此,在对照组实验状态下,即当距地面 10m 高度处初始风速为 3m/s 时,可以初步认为空气动力学粗糙度依次为 0.0013m、0.0052m、0m 的道路型风道、绿地型风道、水体型风道,其通风能力优越性为水体型风道最佳,道路型风道次之,绿地型风道最差。

综上所述,在道路型风道、绿地型风道和水体型风道中,若假设其表面粗糙度依次为 0.0013m、0.0052m、0m,则通风能力最好的为水体型风道,其次为道路型风道,最后为绿地型风道;在选取的风道宽度依次为 30m、40m、50m、80m 和 100m 时,风道宽度宜在 50～80m,以 80m 为最佳,超过此数值后,风道通风效果提升潜力降低;在选取的建筑高度依次为 24m、36m、48m、60m 和 72m 时,建筑高度以 24～48m 为宜,最适宜的建筑高度为 48m,低于该值不利于用地经济性的提升,高于该值则不利于提升城市通风环境质量。通过对照组的模拟分析,研究了城市风道在不同的风道类型、风道宽度和建筑高度条件下的通风效果,并对每种风道类型进行了量化模拟。

4.1.3　风道规划指标参数化

街区尺度的城市风道在街区中发挥其通风效果。基于这个出发点,选取的风道处在街区中轴线位置,或者说,是处在两个居住小区或者两片建筑群之间的一条通风廊道。本章将城市风道类型、城市风道宽度和建筑高度看作影响城市风道通风效果的内在因素。为了对这些因素进行更好的分析,需要对某些变量进行控制。例如,将建筑高度作为变量进行分析时,按照《城市居住区规划设计标准》(GB 50180—2018)要求,随着建筑高度的增加,为保证建筑的采光要求,需要按照日照间距系数增大前后排建筑间距,但是这又导致建筑密度发生变化。同时,随着建筑密度的变化,建筑排列方式也可能随之发生改变,根据控制变量法的要求,就难以研究建筑高度变量。因此,需要对这种情况进行假设处理,即保持建筑间距不随建筑高度改变而变化。

通过对每种风道类型进行量化模拟,初步得到了以下结论:(1)对于道路型风道和绿地型风道,其适宜的宽度范围为 50~80m,以 80m 为最佳宽度;对于水体型风道,其适宜的宽度范围为 40~80m,以 80m 为最佳宽度。这三种类型风道的普适性宽度为 50~80m,以 80m 为最佳。(2)综合考虑用地的经济性、通风性能和地区差异,为形成良好的城市通风环境,建筑高度在 24~48m 为宜,其中以 48m 为最佳。(3)在风速和表面空气动力学粗糙度较小,以及其他条件相同的前提下,水体型风道通风能力最佳,道路型风道次之,绿地型风道最差。(4)当街区建筑为板式建筑,布局模式为行列式布局或者行列式与围合式混合布局时,为提升城市通风环境质量,可优先布局水体型风道,风道宽度为 80m,建筑高度为 48m;还可以搭配绿地型风道进行布置,通风效果更佳。

4.1.4　城市风道通风效果的改善策略

水体型风道在促进城市通风、改善城市风环境质量方面优于道路型风道和绿地型风道,同时其在缓解城市热岛效应方面依然具有重要作用。在改善城市通风环境方面,水体型风道优于道路型风道,道路型风道优于绿地型风道。首先,应努力保护好杭州城市内部现有的河湖水系以及人工水面,如钱塘江、京杭大运河、余杭塘河、西湖、湘湖等。不但要保护水质和水环境,而且还要保护好其形态,应避免水体表面被遮挡和覆盖。同时还要避免沿河道方向对风流通的阻碍,例如尽量减小河岸两边树木的郁闭度,尤其是避免树冠延伸到河面从而影响通风,减少大型跨河设施的建设,尽量在河道两岸留足开敞空间以促进空气流通。其次,在有条件的地区,积极营造新的水体型风道。杭州城市内部河网密布,可考虑将水系引入大型街区内,并尽量保证足够的水系宽度。其次,水体型风道和绿地型风道的适宜宽度在 50～80m,可以发挥出最佳的通风潜能。如果水体过窄,风道通风效果无法发挥到最佳状态;但水体过宽对通风效果提升作用不大,并且会浪费城市空间。从控制性详细规划角度出发,在规划编制、规划实施和规划管理等层面开展响应。在规划编制层面,可积极倡导在划定蓝线和绿线时综合考虑风道适宜值,低于该值时可考虑按照该值进行布置,以提高水体和绿地等用地类型在规划编制中的重要性。在规划实施层面,首先应重视水体和绿地的重要作用,可考虑将水体纳入城市建设用地指标中进行考核,同时将绿地宽度指标作为引导性指标纳入规划成果中,以尽量全面地考核用地指标。在规划管理层面,严格保护蓝线和绿线,加大处罚侵占水体和绿地行为的力度。提倡将住区建筑高度控制在 48m 及以下。建筑高度过大会导致静风区域面积增大,增加湍流强度而引起风速剧增,危害人体健康,不利于城市风环境的改善。杭州属于典型的夏热冬冷地区,在炎热的夏季,市中心气温可达 40℃ 以上,高楼林立的地表形态阻碍了下层空气的流通,大气环境中的人为热难以扩散而形成趋于稳定的热场,从而加剧城市热岛效应。在街区尺度层面,建筑高度宜控制在 24～48m,为改善城市风环境,宜将建筑高度控制在 48m 及以下。杭州老城区住区建筑体高度普遍在 21m 左右,在城市更新过程中,可考虑逐渐适当增加建筑高度。对于新住区的建设,建议将建筑高度控制在 48m 及以下。其次,可通过降低部分街区建筑密度来改善风环境。在城市建设中,尽量减少在道路路口、河道口以及绿带口布置过多的大体量建筑。对杭州市实际风道的定量研究发现,不论是对于道路型风道、绿地型风道还是水体型风道,当风道入口存在一些大体量建筑,尤其是迎风面积很大的建筑时,街区的通风环境会受到严重的影响,建筑背面会形成大量的静风区。因此,应尽量减少在主导风方向上的风道入口布置大体量建筑,以减少建筑对城市通风的阻挡。提倡在城市道路两侧布置水体、绿地或其他开敞空间。城市道路宽度一般在 55m 及以下,其通风潜能还有提升空间。一般来说,城市道路越宽,通风效果越好,增大城市道路宽度可以改善城市风环境,而道路宽度主要受国家建设标准控制,操作难度较大。在难以改变道路宽度的情况下,在有条件的区域,可以在道路两侧布置一定宽度的绿地、水体或其他开敞空间,为空气流通创造更适宜的环境。另外,还可以将沿街建筑底层改造成架空的结构以促进城市通风。再次,提倡使用粗糙度低的建筑材料,合理布置高架、立交桥等大型户外设施,减少其对城市通风的影响。通过对不同粗糙度的风道进行通风研究,发现表面粗糙度会影响城市通风。粗糙度越大,对通风的阻碍作用越大。建筑表面的粗糙度主要取决于建筑材料的颗粒几何形态特征,气流经过建筑表面时与材料颗粒接触而产生摩擦阻力,因此,使用更小粒径、更加光滑的建筑材料将有助于改善城市通风。应尽量减少高架、立交桥等设施对城市通风的阻碍,提倡发展地下交通。与此同时,尽量减少横穿街道的广告牌等设施的使用,提倡将跨街广告牌改为平行于街道方向布置,以减小对城市通风的阻碍。

4.2　不同规划设计条件下城市住区通风效果模拟

4.2.1　典型板式城市住区通风效果模拟分析

迎风角度、建筑排列方式、高度变化、建筑间距等规划条件是影响城市住区通风效果的主要因素。为了揭示不同规划设计条件下城市住区的通风效果,本章主要借助 CFD 软件平台,对典型板式城市住区通风效果开展量化分析。

1. 迎风角度

建筑体迎风角度是指风向与建筑物长边法线的夹角。依据对杭州多年的气象观测得出的结果,杭州夏季盛行风向为 SSW(见图 4-33),该结果一直被用来指导杭州城市的规划与建设。以 SSW 风向为基础条件,利用 CFD 软件模拟在不同迎风角度下,相同板式建筑在不同组合方式下的城市住区风环境特征,具体以 0°、22.5°、45°、67.5°、90°为例分析说明。结合当前城市住宅开发布局特点,同时满足消防及日照规范,建筑组合采用三行三列布局方式,模型尺寸设定如图 4-34 所示。

从不同迎风角度风压的模拟分布图(图 4-35)可知,当迎风角度为 0°

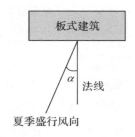

图 4-33　建筑体迎风角度示意

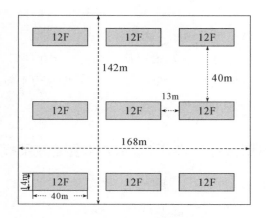

图 4-34　迎风角度条件下的分析模型尺寸

时,也就是建筑迎风面与盛行风垂直,前两排建筑有良好的前后压差,利用自然通风,但最后一排建筑前后压差较小,不利于自然通风;而当迎风角度为 22.5°时,仅有最后排右侧建筑不利于室内风压自然通风;当迎风角度为 45°时,居住建筑拥有最好的室内通风条件;当迎风角度为 67.5°时,除了第二排右侧的建筑外其他建筑均有良好的自然通风条件;当迎风角度为 90°时,也就是建筑平行于盛行风向布置时,建筑前后基本没有风压差,几乎没有穿堂风,室内自然通风条件最差。

从不同迎风角度的模拟风速云图(图 4-36)可知,垂直于建筑的盛行风(迎风角度为 0°)会产生最大面积的静风区域,而平行于建筑的盛行风(迎风角度为 90°)产生的静风区域面积最小,主要集中在建筑物山墙之间。迎风角度为 22.5°时,静风区域主要集中在第一排建筑后侧。迎风角度为 45°及 67.5°时,静风面积相对较小,迎风角度为 45°时拥有最好的室外风舒适度。

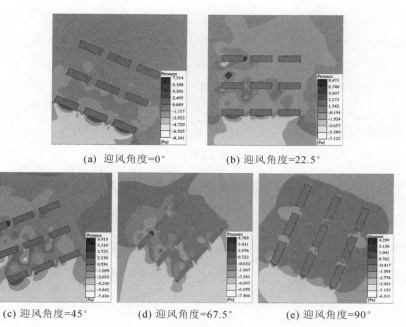

(a) 迎风角度=0°　　　　　　(b) 迎风角度=22.5°

(c) 迎风角度=45°　　　(d) 迎风角度=67.5°　　　(e) 迎风角度=90°

图 4-35　不同迎风角度风压分布图

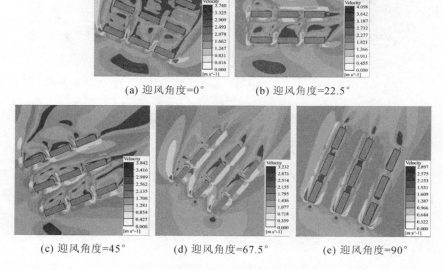

(a) 迎风角度=0°　　　　　　(b) 迎风角度=22.5°

(c) 迎风角度=45°　　　(d) 迎风角度=67.5°　　　(e) 迎风角度=90°

图 4-36　不同迎风角度风速分布图

　　从不同迎风角度的风速矢量图(图 4-37)可知,迎风角度为 0°时会产生较多的涡流,随着迎风角度的增大,涡流区域的面积逐渐减小,当迎风角度为 67.5°时,基本没有涡流存在。

　　总体而言,改变建筑物迎风角度可以间接改变风向,对 3×3 板式排列的建筑群来说,迎风角度为 0°时,建筑阻挡了上风向来流,风会向建筑两侧偏移绕过建筑。从风影区大小来说,当建筑迎风面与风向垂直,即入射角为 0°时,风影区最大,随着迎风角度的增大,风影区减小。在炎热的夏季,住宅小区内的风影区越小,越能降低人体对热的不适感。

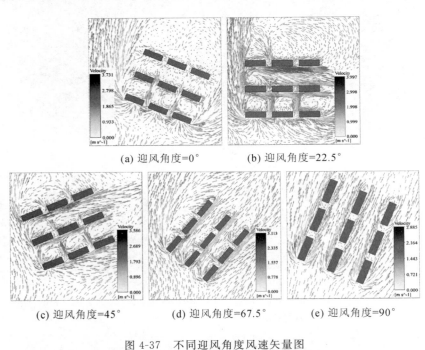

(a) 迎风角度=0°　　　　　(b) 迎风角度=22.5°

(c) 迎风角度=45°　　　(d) 迎风角度=67.5°　　　(e) 迎风角度=90°

图 4-37　不同迎风角度风速矢量图

2.建筑排列方式

　　为了研究行列式、横向错列、纵向错列以及周边围合等四种住区布局方式在风环境表现上的差异,选取板式建筑作为研究对象,假定板楼宽 40m,进深 14m,建筑高度为 12 层,36m,满足消防及日照规范。拟分析的住区模型空间尺寸设定如图 4-38 所示。

　　从不同建筑排列方式的风压分布模拟结果(图 4-39)来看,在四种排

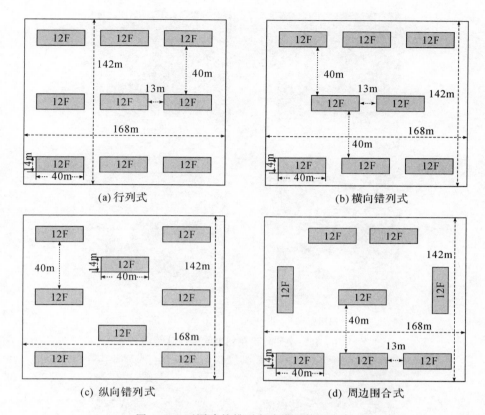

图 4-38　不同建筑排列方式模型简化示意

列方式下,风压较大的区域出现在第一排建筑上,迎风建筑产生了较大的正压力,风压分布区别不大。在单个排列方式中,从左往右风压较大的区域依次减小。从迎风面到下风向,静压都呈逐渐减小的趋势。具体来看,行列式建筑的前两排的建筑前后压力差比较大,室内通风效果良好,最后一排的建筑前后静压基本一致,进而影响室内通风性能。横向错列式与行列式的风压分布类似,但是由于同等情况下第二排迎风面积相对更大,最后一排只有右上角的建筑前后压差较小,其余都利于自然通风。纵向错列布置下,建筑前后均存在一定的压力差,但是产生负压的范围更小,只在最后一排右上角的建筑周围有较大负压情况出现。在周边围合的情况下,建筑前后均出现风压差,这种不完全封闭的周边围合在杭州特定的风向条件下也是有利于室内自然通风的。

　　从不同建筑排列方式的风速云图模拟结果(图 4-40)来看,12 层高度

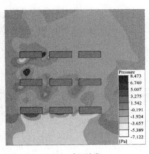 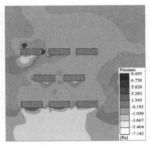

(a) 行列式　　　　　　　　　　　(b) 横向错列式

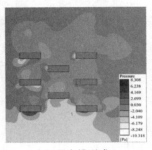 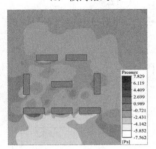

(c) 纵向错列式　　　　　　　　　(d) 周边围合式

图 4-39　不同建筑排列方式风压分布图

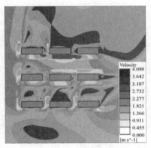 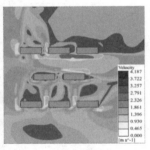

(a) 行列式　　　　　　　　　　　(b) 横向错列式

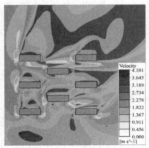 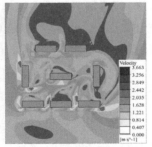

(c) 纵向错列式　　　　　　　　　(d) 周边围合式

图 4-40　不同建筑排列方式风速分布图

的行列式、横向错列式、纵向错列式均没有出现风速大于 5m/s 的情况，都在风舒适度可接受的范围内，同时三者都在最后一排建筑南侧出现风速极大值，且横向错列布置下 1.5m 高度处风速最大，而周边围合式风速的极大值出现在第一排两两建筑中间以及最右侧建筑转角处，相对最低。从风速矢量图（图 4-41）来看，行列式建筑第一排的阻挡作用明显，建筑后的静风区域面积最大，第一排的三幢建筑后面出现了涡流区，由于气流绕过建筑物侧向转角形成尾流加速，第三排建筑前出现风速最大。横向错列式由于与行列式在第一排排列方式上一样，建筑后面也出现了明显的涡流以及静风区域，但是由于第二排建筑阻挡作用小，适合气流通过，第二排与第三排之间后面的风舒适区域较多。由于来流风向的原因，纵向错列式的静风区域主要集中在右上角，其他区域则相对较少，通风舒适度强于横向错列。在周边围合的情况下，风无法流入住区内部，建筑间峡谷效应最强，住区许多区域均出现了涡流，而且静风区域面积也很大。

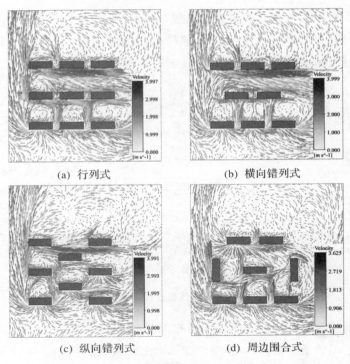

　　　(a) 行列式　　　　　　　　　　　(b) 横向错列式

　　　(c) 纵向错列式　　　　　　　　　(d) 周边围合式

图 4-41　不同建筑排列方式风速矢量图

　　行列式建筑规整、有序,在迎风角度固定的时候,迎风面相对较大,对风的阻碍作用也很大,可以在冬季利用行列式布局对风的阻碍作用,垂直于盛行风向布置,以减弱冬季外部风速。错列式的通风效果要优于行列式,不论是横向错列还是纵向错列。在杭州夏季盛行风向为 SSW 的情况下,风流都可以斜向进入建筑群内部,下风向的建筑受风面更大,居住建筑的通风性会更好;纵向错列式的风场的分布较合理,居住小区内涡流更少,通风更流畅。周边围合式布局会形成封闭和半封闭的内院空间,建筑对各个来流方向的空气流动均起阻碍作用,效果和行列式建筑对风的阻碍一样,难以让风流导入,可以在冬季盛行风向上,即北至西北一侧布置周边围合式建筑,便于冬季防风,但是完全封闭围合式的居住小区在杭州地区比较少见。总之,适合杭州地区夏季盛行风的建筑排列方式依次为纵向错列式、横向错列式、行列式、周边围合式。

　　3.建筑高度

　　为了揭示建筑高度对城市住区风场的影响,同样以板式建筑作为研究对象,同时考虑到满足消防及日照规范,分别模拟 12 层、18 层、24 层城市住区建筑体的室外风环境,我们设定的研究模型如图 4-42 所示。

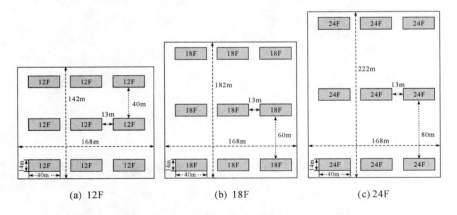

(a) 12F　　　　　(b) 18F　　　　　(c) 24F

图 4-42　不同建筑高度模型平面示意

　　不同建筑高度城市住区风场模拟结果(图 4-43)显示,三种建筑模型在高度不同的情况下,第一排建筑迎风面上的最大风压不一样,随着建筑高度的增加,建筑迎风面上的风压逐渐增大。对于靠后的第三行建筑,三种高度下建筑迎风面和下风面的风压差随着高度呈现风压差增大的趋势,12 层的建筑最后一排风压差最小,不利于室内自然通风,18 层的建筑最后一排风压差次之,24 层的建筑最后一排风压差最大,自然通风效果最好。

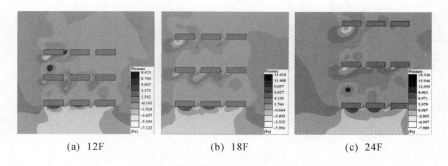

(a) 12F　　　　(b) 18F　　　　(c) 24F

图 4-43　不同建筑高度城市住区 1.5m 高度风压分布

　　从不同建筑高度的风速云图(图 4-44)来看,三种高度的风速极大值都出现在第一排的两两建筑之间,并且随着建筑高度的增加,居住小区内的最大风速也呈现上升的趋势,24 层高的建筑在间距 13m 的情况下最高风速达到 5.397m/s,已经超过了风舒适度低于 5m/s 的标准。针对这种情况,实际布置中可以采用高大乔木来减缓过大风速的不良影响。此外,随着建筑高度的增加,建筑风影区面积逐渐增大,静风面积的增大不利于空气流通,可能会导致空气污染物累积。

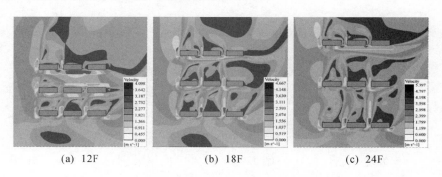

(a) 12F　　　　(b) 18F　　　　(c) 24F

图 4-44　不同建筑高度城市住区 1.5m 高度风速分布

　　图 4-45 所示为横向距离为 80m 的剖面风速矢量图,建筑高度不同,由于日照间距的关系,建筑体后涡流的特征表现类似,建筑体下风向涡流的大小与建筑高度有很大关系。相对来说,12 层建筑下风向的涡流最小,

后排建筑的风速也相对最小；18 层建筑下风向的涡流次之，下风向建筑上的风速比 12 层建筑高；24 层建筑的下风向涡流相对更大，涡流内部风流速度也最大。

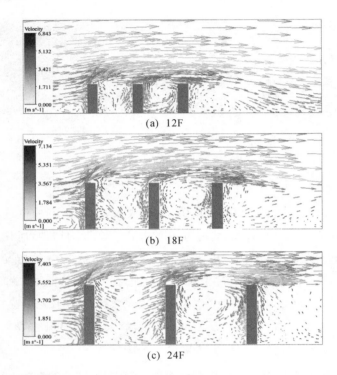

(a) 12F

(b) 18F

(c) 24F

图 4-45　不同建筑高度城市住区 $x=80$m 剖面风速矢量图

4. 建筑高度变化

为了揭示建筑高度变化对城市住区风场的影响，我们分别以前高后低、前低后高、中间高以及中间低四种城市住区布局形式构建城市住区布局分析模型，城市住区平面图如图 4-46 所示。

由不同建筑高度变化的城市住区的风压模拟云图（图 4-47）可知，建筑迎风面风压的大小与建筑迎风面的高度成正比，除了前高后低的布置方式外，其他几种布置方式后排建筑均有较好的静压差。具体来看，前高后低的排列方式下第一排建筑由于高度的原因阻挡作用较大，导致后排建筑尤其是第三排风压较小，第三排最右侧建筑无法在风压作用下自然通风。前低后高的布置方式由于前排建筑较低，后排建筑也能有较大的正压,建筑前后压力差最大,自然通风效果最好。中间高的方式下自然通风效果也很好,而中间低的排列方式在第二排的风压差值表现上不尽理想,自然通风效果较弱。

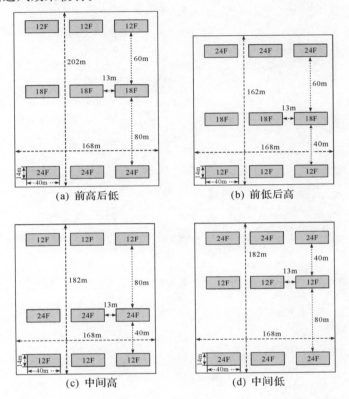

图 4-46　不同建筑高度变化的城市住区模型平面示意

从 1.5m 高度处风速矢量图(图 4-48)来看,前高后低的方式会在建筑下风向产生较大的涡流,小区内部有很多大的静风区域,并且在第一排建筑中间,由于峡谷效应,出现了风速超过 5m/s 的情况。为了避免这种情况的发生,迎风侧的建筑在面宽较大的情况下,最好能适当降低高度。前低后高的变化方式通风环境较好,内部没有明显的涡流出现。中间高比中间低也有相对更少的涡流存在。总之,涡流的大小与建筑的高度直接相关,较低建筑的涡流更小,风影区也更小,居住小区室外通风环境更好。

从上述建筑高度变化的四种城市住区 $x=80m$ 剖面上看(见图 4-49),前高后低的布置方式会在居住小区内部建筑之间产生最大的静风区域,

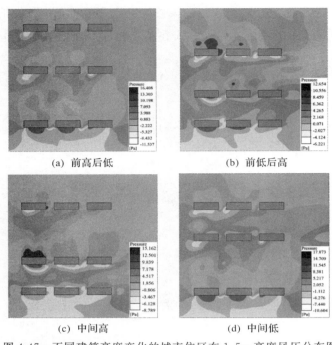

(a) 前高后低　　　　　　　　(b) 前低后高

(c) 中间高　　　　　　　　　(d) 中间低

图 4-47　不同建筑高度变化的城市住区在 1.5m 高度风压分布图

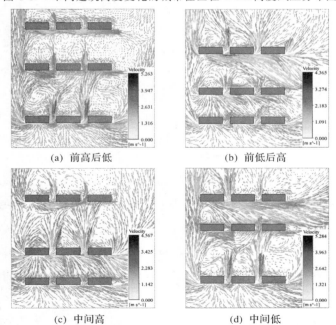

(a) 前高后低　　　　　　　　(b) 前低后高

(c) 中间高　　　　　　　　　(d) 中间低

图 4-48　不同建筑高度变化的城市住区在 1.5m 高度风速分布图

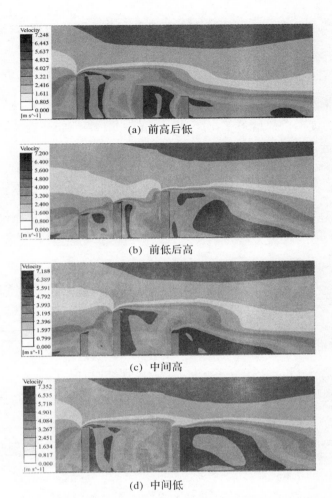

(a) 前高后低

(b) 前低后高

(c) 中间高

(d) 中间低

图 4-49 建筑高度变化的城市住区在 $x=80\text{m}$ 风速矢量图

严重影响居民的风舒适度,由于日照间距等原因,前高后低的布置方式在土地利用的经济性上也不具有优势,因而不推荐使用。前低后高的布置方式能够利用风的流体特性,使小区内部较多区域都有较高的风速条件。中间低与中间高两种方式在用地范围同等的情况下,都不利于室外空气流动,但是中间低的布局会有更大的风影面积。

总的来说,高度的变化使得风在建筑顶部空间流动,产生风压差,引发了建筑顶部风向的变化。建筑面宽越大、高度越高,建筑涡流产生的范围和风影区就越大。前低后高的高度变化方式,会促进风在垂直方向的运动,带动更多的顶部气流向地面层运动。同时,较低的建筑迎风面对风有更好的引导作用,高度的逐步增加也便于风流入街区内部,营造更好的住区室外风环境。

5.横向间距

为了揭示建筑横向间距对城市住区风场的影响,在设定迎风角度为0°与建筑高度不变的情形下,分别取 13m、18m、23m、28m 建筑横向间距构建四个城市住区布局模型进行模拟(见图 4-50)。

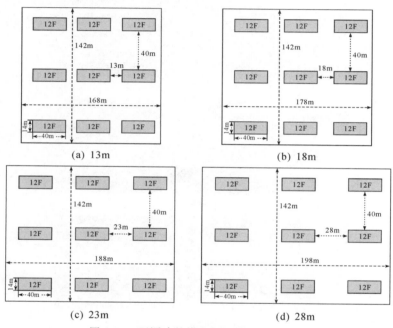

(a) 13m　　　　　　　　　　(b) 18m

(c) 23m　　　　　　　　　　(d) 28m

图 4-50　不同建筑横向间距模型平面示意

不同建筑横向间距下的城市住区的风压模拟结果(图 4-51)显示,随着横向间距增大,建筑前后的风压差值会随之增大。横向间距为 13m 时,前两排建筑会存在风压差且差值大于 1.5Pa,第三排右侧两幢建筑迎风面和背风面的风压差则不明显。间距为 18m 时,横向建筑风场的相互影响在减弱,第二排建筑迎风面的静压会比 13m 的情况下更大,能够促进空气的自然流通。间距为 23m 时,第二排建筑的迎风面风压还在增大,只有第三排右上角建筑前后静压差很小。间距为 28m 时,第二排建筑的迎风面压力最大,建筑横向间的风场的相互影响在减小。

由不同建筑横向间距下的城市住区的风速矢量图(图 4-52)可见,随

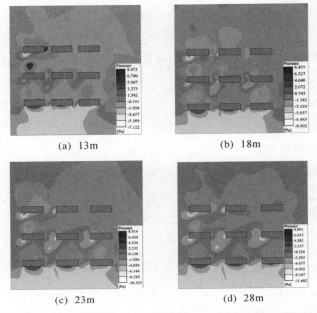

(a) 13m　　　　　　(b) 18m

(c) 23m　　　　　　(d) 28m

图 4-51　不同建筑横向间距城市住区在 1.5m 高度处风压分布图

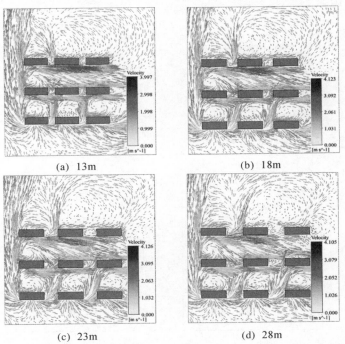

(a) 13m　　　　　　(b) 18m

(c) 23m　　　　　　(d) 28m

图 4-52　不同建筑横向间距城市住区在 1.5m 高度处风速矢量图

着横向间距的加大,第一排建筑横向山墙间的气流速度相对变缓,峡谷效应减弱。风速出现的最大位置均在第三排建筑体的迎风面,最大风速相差不大,横向间距为23m时城市住区内部出现风速最大值。另外,四种情况下建筑风影区均出现了类似的涡流,随着横向间距增大,涡流有一定变化但不明显。

建筑横向间距的增大,对建筑风影区的减小表现并不明显,但适当加大建筑横向间距对减弱狭管效应、增大通风通道有促进作用。在实际运用中考虑到用地的经济性,在满足已有规范要求的基础上,可以结合错列式等建筑排列方式,适当加大建筑的横向间距,这样不仅能保证建设用地的高效利用,而且能够创造出适宜的住区风环境。

6. 纵向间距

在建筑高度 h 固定为 12 层的情况下,分别模拟居住建筑纵向间距为 $1h$、$1.2h$、$1.4h$、$1.6h$ 下的城市住区风场特征,分析模型见图 4-53。随着居住建筑纵向间距的加大,1.6 倍建筑高度以内的纵向间距,对居住建筑的风压影响不明显。

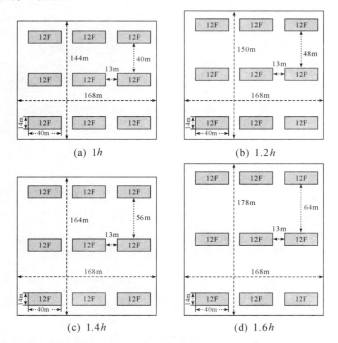

图 4-53   不同建筑纵向间距城市住区的分析模型平面尺寸示意

　　从 1.5m 高度风压分布模拟(图 4-54)可知,四种纵向间距条件下的城市住区,均只在建筑的第一排后面区域产生较大的静风区域,因为迎风角度的关系,风影区域均有一定的倾斜角度,在 1h~1.4h 宽度下,静风区面积较为一致,在 1.6h 条件下,第二排建筑也出现了明显的风影区,这主要是建筑纵向间距的加大,在后排没有建筑阻挡的情况下,风场流动更充分,产生了类似于两个互相分离独立运动的涡流(见图 4-55)。

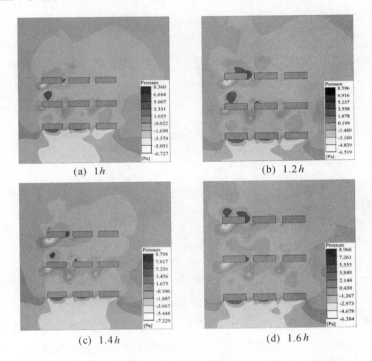

(a)　1h　　　　　　　　　(b)　1.2h

(c)　1.4h　　　　　　　　　(d)　1.6h

图 4-54　不同建筑纵向间距城市住区 1.5m 高度风压分布图

　　从不同建筑纵向间距城市住区纵剖面风速矢量图(图 4-56)来看,风在通过建筑体的时候会产生不一样的气场,置于建筑群之中,这些气场又产生相互干扰。随着建筑纵向间距的扩大,互相干扰就会相应减小。但是在城市住区规划规范可以接受的纵向间距之内,这种互相影响并不能够消除。理论上,当建筑的纵向间距达到建筑高度的 5 倍时,才能确保后排建筑的风场不会与前排建筑相互影响。但在实际城市住区规划中,由于需要考虑城市的生活方式、城市用地的经济性等因素,不可能采用建筑纵向间距为 5 倍的建筑体排列布置方式。

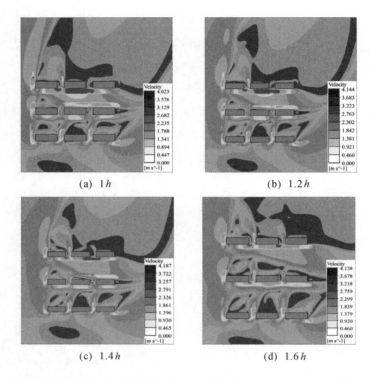

(a) 1 h (b) 1.2 h

(c) 1.4 h (d) 1.6 h

图 4-55 不同建筑纵向间距 1.5 m 高度风速分布图

在迎风角度和建筑高度不变的情况下,随着建筑纵向间距的增大,前排建筑背风面的涡流区对后排建筑风环境的影响越小,后排建筑的通风环境会相对变好;当纵向间距超过 1.4 倍建筑高度时,后排建筑会产生更大的风影区,反而加大了室外的静风区域。因此,居住建筑纵向间距的确定,主要是日照间距的考虑,过宽的纵向间距相比于城市土地的价值是极大的浪费,可以考虑结合错列布置将纵向间距设置成 1.4 倍建筑高度。

7. 其他设计条件

城市住区除了上述的风场影响因素外,底层架空的处理方式和景观布局对于改善建筑体背风面的风环境有积极作用。如果前排建筑对后排建筑遮挡作用过大,为了保证后排建筑的自然通风效果及行人高度的热舒适度,可以架空前排建筑底层,连通建筑迎风面与背风面两侧空间,促进空气的流通。在像杭州这类全年静风频率比较高的城市,高层建筑的

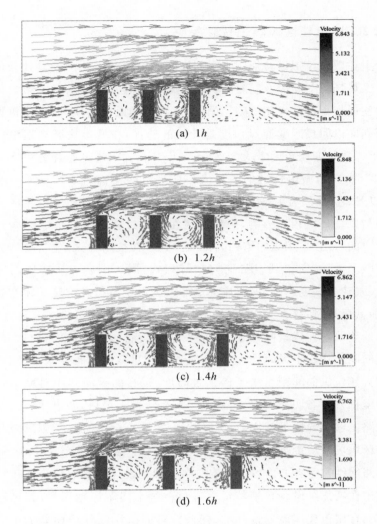

(a) 1*h*

(b) 1.2*h*

(c) 1.4*h*

(d) 1.6*h*

图 4-56　不同建筑纵向间距城市住区在 $x=80\mathrm{m}$ 风速矢量图

底部采用架空处理能够改善建筑底层风速流动过缓的情况,促使底层空间空气流通,增加建筑室内外之间的通风换气率。另外,景观布局可以改变城市住区下垫面的性质,改善城市住区风环境。集中布置的较大绿化对风有阻挡作用,而适当布置的稀疏绿化可能起到引导通风的作用。合理的景观布局方式是改善城市住区风场环境的重要手段。

4.2.2 城市住区风环境优化策略

上述数值模拟试验能较真实和客观地反映在不同规划设计条件下城市住区风场的空间分布特征,有利于归纳总结以改善城市风场为目的的城市住区规划设计优化策略。例如,针对风场风向来说,改变建筑物的迎风面朝向以间接改变迎风角度是较好的选择,在城市住区规划设计过程中,板式建筑迎风角度宜大于 22.5°,小于 45°,即建筑布置为正南至南偏东 22.5°之间,城市住区的主要入口应尽量面向杭州地区夏季的盛行风向,以 SSW 和 E 为主,达到利于自然通风的目的。高层城市住区的空间布局与风场环境相互影响,居住建筑在布局过程中不宜形成完全封闭的围合空间,适宜采用纵向错列的排列方式。在杭州地区,建筑排列方式的先后顺序为:纵向错列、横向错列、行列式、周边围合。从楼层高度上来说,板式建筑高度越高,城市住区室外风场环境越差。建筑立体布置宜采用"前低后高、错落有致"的处理方式,不宜在迎风侧布置面宽过大、高度过高的建筑。在建筑间距方面,居住建筑横向间距可以适当加大,但过大的横向间距作用不大,13m 左右为宜。除满足日照间距要求之外,可以适当加大建筑纵向间距至 1.4 倍建筑高度,过宽的纵向间距对城市住区风场环境提升没有明显作用,而且浪费土地资源。最后,城市住区内部较宽的道路能够引导风沿其流动,可以结合道路与绿化布置,增强其效果。城市住区风场环境影响因素很多,不仅受大气环境和局地气候影响,而且受城市路网结构等各方面因素影响。多种规划设计因素的综合作用最终形成城市住区复杂风场环境特征。城市住区空间布局越无序,其风环境越复杂。在城市住区规划设计中,任何针对城市住区风场环境优化的规划设计策略制定都需要综合分析各种问题,要在规划设计中准确把握诸多影响因素的两面性,需要综合考虑并加以利用,从而达到各种因素相互作用的平衡与统一。

4.3 建筑形态对城市风道通风效果影响的量化分析

由上述可知,目前有关城市风道的研究集中在宏观尺度和微观尺度。具体而言,宏观尺度主要通过遥感技术等工具研究城市风道的潜在分布,微观尺度主要关注于模拟建筑、居住区的风环境。宏观方面的风道研究内容主要包括：城市气候图的绘制，如香港中文大学研究团队绘制的香港城市环境气候图；城市风道的基础性研究，如风道的构成、作用、机理等。国外主要关注城市风环境的定量分析研究。例如，Man 研究了不同分辨率水平上迎风面积指数与城市热岛强度之间的定量关系，提出在 100m×100m 分辨率水平上相关性最显著[①]。Ignatiusa 等以城市设计街区作为研究对象，探讨了城市肌理（建筑密度和形态）对室外热、环境温度、通风和室外热舒适性的影响[②]。Park 等利用 PALM 模型和 WRF 模型定量分析了首尔城市建成区中尺度风环境，并通过行人高度风速与参考风速之比来表征城市通风状况[③]。He 等针对热带城市，以新加坡为例研究街区内、外部不同的通风模式对通风的影响，并提出街区内部通风模式对行人高度的通风具有更显著的影响[④]。詹庆明等以福州为研究对象利用 WRF 模型综合分析挖掘城市建成区的通风潜力与潜在通风廊道[⑤]。薛立尧等在研究西安城市风道时将城市中的风和景区结合起来，提出"风道＋景区"的建设构想[⑥]。许多城市纷纷开展针对城市风道的建设实践，如武汉在华中科技大学参与下规划六条生态绿色走廊，长沙市于 2010 年出台了

---

① Man S W J E N. Spatial variability of frontal area index and its relationship with urban heat island intensity[J]. International Journal of Remote Sensing, 2013, 34 (3):885－896.

② Ignatiusa M, Wong N H, Jusuf S K. Urban microclimate analysis with consideration of local ambient temperature, external heat gain, urban ventilation, and outdoor thermal comfort in the tropics[J]. Sustainable Cities & Society, 2015, 19:121－135.

③ Park S B, Baik J J, Lee S H. Impacts of Mesoscale Wind on Turbulent Flow and Ventilation in a Densely Built-up Urban Area[J]. Journal of Applied Meteorology & Climatology, 2015, 54(4):150216120347005.

④ He Y, Tablada A, Wong N H. Exploring the influence of orthogonal breezeway network patterns on high-density urban ventilation at pedestrian level [C]// International Conference on Countermeasures to Urban Heat Island. 2016.

⑤ 詹庆明, 欧阳婉璐, 金志诚, 等. 基于 RS 和 GIS 的城市通风潜力研究与规划指引[J]. 规划师, 2015, 31(11):95－99.

⑥ 薛立尧, 张沛, 黄清明, 等. 城市风道规划建设创新对策研究——以西安城市风道景区为例[J]. 城市发展研究, 2016, 23(11):17－24.

《长沙市城市通风规划技术指南》。从应用的角度来讲,城市尺度的研究
对城市风道建设有一定的指导性意义,但实践性不强,将城市风道的建设
与规划的具体措施联系起来对于实际应用更加重要。因此,围绕城市风
道,在中小尺度(如街区尺度)将风环境与城市中的建筑形态参数结合,对
于今后在控规层面中制定具体的控制措施具有重要意义。传统的街区尺
度通风研究通常采用 CFD 模拟技术对项目或街区进行风环境评估[①],存
在更偏重对建筑或街区形态的控制(如建筑排列方式、单元组合方式、建
筑形等[②]~[⑥]),而忽视对形态指标(如建筑密度、容积率等)的研究;大多
数研究停留在行人高度(1.5m)上平面分析,并未考虑到三维空间也就是
更高高度水平上的通风情景等问题。本章从街区尺度提出以定性分析和
定量模拟技术相结合的方法研究风速、风向与建筑形态参数的关系,着重
对比分析建筑形态指标与通风效果的相关性,并从控规层面提出可操作
的规划策略;同时,分析了大尺度的街区主要由凹槽型城市道路空间和周
边建筑空间组成,较适宜用来分析建筑形态与通风效果之间相互关系,也
便于获取控制性详细规划中最重要的建筑形态参数即建筑密度、建筑高
度和容积率三个指标的高精度数据,以使研究结果可以对城市规划与管
理等实际工作更具有指导性。

---

① 詹庆明,蓝玉良,欧阳婉璐,等.城市风道的规划响应研究[C]//2016 中国城市规
　划年会.2016.

② 郑颖生,史源,任超,等.改善高密度城市区域通风的城市形态优化策略研究——
　以香港新界大埔墟为例[J].国际城市规划,2016,31(5):68-75.

③ 郭华贵,詹庆明.基于句法和数值模拟的可认知空间风环境优化[J].规划师,
　2015,31(S1):300-305.

④ 史源,任超,吴恩融.基于室外风环境与热舒适度的城市设计改进策略——以北京
　西单商业街为例[J].城市规划学刊,2012(5):92-98.

⑤ 叶宗强,周典,徐怡珊.基于风环境评价的西安市大型居住区规划策略[J].规划
　师,2016,32(11):112-117.

⑥ 赵彬,林波荣,李先庭,等.建筑群风环境的数值模拟仿真优化设计[J].城市规划
　学刊,2002(2):57-58,61-80,86.

4.3.1　数据来源及研究方法

1. 研究区概况

南京市位于长江下游中部富庶地区,江苏省西南部。市域地理坐标为北纬 31°14′—32°37′、东经 118°22′—119°14′。南京市跨江而居,主城区包括玄武、秦淮、建邺、鼓楼、雨花台和栖霞区。南京属于典型亚热带季风气候区[①]。南京全年最大风频为东北偏东(ENE)风向,风速为 2.7m/s。南京目前已经形成"经六纬九"的主干道网络。为了获得连续的建筑空间,并考虑到风的流通效率通常与道路红线的宽度成正比[②],在选择研究道路时,尽量选择路幅较宽的道路。中山路是连通玄武湖、雨花台等补偿空间和市中心(新街口)这一作用空间的主要道路,研究其通风效果对改善城市中心的风热环境以及缓解城市热岛效应具有十分重要的意义。本研究以中山路东西各 1km 左右作为横向宽度范围。研究的纵向长度为 5.1km,南北边界分别为湖南路和升州(见图 4-57),研究区面积为 10.84km²。

2. 数据来源与预处理

南京市的建筑轮廓数格式为 ∗.shp,采用 wgs84 投影坐标系,数据利用 Python 工具中的 cv2.findContours 和 cv2.drawContours 两个函数从经过预处理(配准校正等)的高分辨率卫星地图中提取和生成建筑轮廓,然后输出,即获取城市建筑的轮廓 GIS 数据。建筑高度通过建筑层数乘以层均高度(3m)获得。建筑层数通过实地现场踏勘获得。由于研究区选择建筑高度较高的区域,分析时植被等可以忽略。此外,由于研究区地形变化较小,为平坦地区,因此本研究忽略地形风场的影响。考虑到程序提取的建筑轮廓较为复杂,为减少计算量,在三维模型用于计算之前对建筑轮廓进行了适当简化。

---

① 陈亭.南京城市近地表气温微气候模式模拟及其影响因素研究[D].南京信息工程大学,2016.
② 李军,荣颖.武汉市城市风道构建及其设计控制引导[J].规划师,2014,30(8):115—120.

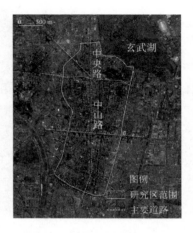

图 4-57 研究区范围示意图

3. 研究方法

计算建筑形态控制参数(建筑密度、建筑高度和容积率)必须首先生成计算网格。计算时以网格作为统计单元,可在 ArcGIS 10.2 实现空间统计、空间分析和可视化等[1]。在不同空间分辨率下空间地物的空间分布特征往往呈现较大差异[2]。结合研究区内各街区面积为参考,确定 100m×100m 的网格作为基本统计单元。然后,将获取的建筑轮廓进行简化(忽略小于 10m 的小型建筑平面轮廓及建筑外立面的不规则变化,以提取简化的建筑三维模型轮廓)后,生成建筑平面(见图 4-58),从而在 GIS 中获得各网格单元上的建筑物基底面积,求得各格网建筑物密度。最后,将现场调查获取的建筑层数数据赋给每一个建筑,然后通过建筑层数乘以建筑层高获得建筑高度。通过单个建筑基底面积占建筑基底总面积的比例作为该建筑的权重,由式(4-2)计算该网格的平均高度。

$$h = \frac{\sum_{i=1}^{n} A_{pi} \times h_i}{\sum_{i=1}^{n} A_{pi}} \tag{4-2}$$

① 刘琳,张正勇,唐泽君. 基于 GIS 石河子市建筑密度空间分布规律的分析[J]. 石河子大学学报(自科版),2012,30(1):92—95.

② 刘湘南,黄方,王平. GIS 空间分析原理与方法[M]. 北京:科学出版社,2008.

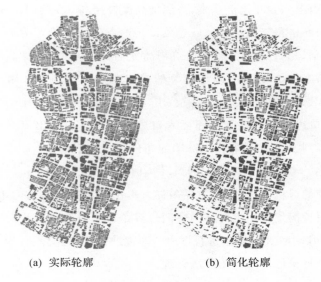

(a) 实际轮廓　　　　　　　　(b) 简化轮廓

图 4-58　研究区建筑分布

式中：A_{pi} 为建筑基底面积；h_i 为建筑高度。

　　利用式(4-3)计算容积率：

$$\lambda = \frac{\sum_{i=1}^{n} A_{pi} \times h_i}{A} \tag{4-3}$$

式中：A 为格网面积；A_{pi} 为建筑基底面积；h_i 为建筑高度。

　　4. 风道区 CFD 模拟

　　目前国内外城市风场定量研究方法主要采用现场监测、风洞实验与数值模拟等。现场监测方法工作繁重，而风洞实验成本较高，应用中具有一定的局限性。数值模拟是目前相对较为普遍的方法，具有应用操作简单、能较为准确地得到所需的分析数据、模拟结果表达直观等优点，是最为常用的有效量化评估手段[①]。

　　CFD 模拟共分为 4 步：首先，建立研究三维模型。使用 AutoCAD 和 DesignModeler 工具建立模型。在具体绘制过程中，由于街区尺度计算范

围较大,采用 1∶5000 比例建模,每层楼高度按层高 3m 绘制。其次,计算区域确定和网格布置。计算区域进风口长度方向通常设定为最高建筑高度的 3～4 倍,出口设定为最高建筑物高度的 8～10 倍,计算高度设定为最高建筑高度的 2～4 倍,满足运算的基本要求。计算多采用四面体网格,对建筑附近区域进行网格加密操作,网格质量良好。对于街区的风环境模拟,入口边界条件设置成速度入口边界条件。假定出流面的空气流动已经恢复到没有任何建筑物阻挡的条件,将出流面边界条件设置成自由出流边界。考虑到分析街区的风环境时,可以认为上空和侧面不影响街区风环境的分析,采用对称边界条件。由于不考虑下垫面的影响,所以建筑表面与地面均采用无滑移的壁面边界条件。求解设置采用标准湍流求解模型,用 SIMPLE 算法进行压力与速度的解耦,避免不合理的压力和速度出现。近壁区用壁面函数法处理。

5.相关性分析

在 CFD 三维模拟结果数据中,截取距主风道(中山路)100m、200m、200m 的断面,比较研究区范围内 1.5m、10m、30m 高度的风速与建筑密度、建筑高度和容积率之间的相关性。具体做法是,以网格内建筑密度、建筑高度和容积率为自变量,风速为因变量,利用 SPSS 软件进行简单相关分析;为检验自变量之间是否存在相互影响,将建筑密度、建筑高度与容积率中的两项分别作为控制变量,计算另一变量与风速的相关系数(采用皮尔逊相关系数)。由于相关分析涉及的变量之间可能会相互产生影响,因此采用简单相关分析和偏相关分析相结合的方法以消除其他变量在单个变量分析时关联性的传递效应[①]。

4.3.2 建筑形态参数与模拟风速空间分布

1.建筑密度空间分布特征

在模拟范围内,从数量上分析,在 1.5m 高度处,所有网格建筑密度均值为 28%。约 40%的网格的建筑密度在 20%～40%,40%的网格的建筑

---

① 张雅梅,安裕伦.贵阳市景观类型与人口密度相关分析[J].生态学杂志,2005,24(2):195－199.

密度在 20％以下,其余 20％建筑密度大于 40％。从空间分布分析,北部的建筑密度比南部略低,建筑密度最高的区域集中在常府街与洪武北路交叉口附近,分布有游府新村、益乐村小区等以 4～6 层住宅为主的居住小区,这些小区的建筑年代普遍在 20 世纪 90 年代,建筑排布较为紧密,绿地较少。而中山路沿线、上海路沿线以及靠近玄武湖的区域,由于道路路幅较宽,绿化较好,并分布着一些公园,建筑密度较低。北京东(西)路以南,由于坐落着南京大学和东南大学,建筑密度也较低。

在 10m 及 30m 高度处,由于 3 层以上的建筑占总建筑数量的 67％左右,而 10 层以上的建筑仅占总建筑数量的 10％左右,因此,10m 高度截面上的建筑轮廓分布与高 1.5m 处并没有很大的差异,而 30m 高度截面上的建筑轮廓分布与高 1.5m 处相去甚远,10 层以上建筑在研究区内整体呈点状分布,并且小范围内集中在中山路、中山东路和洪武北路两侧。此外,与 1.5m 与 10m 高度建筑密度的分布范围及趋势基本保持一致,而30m 处建筑分布范围减小了约 70％。

2.建筑高度空间分布特征

从数量上分析,研究区内 50％以上的建筑高度在 15～20m 的区间内,约 15％的建筑不足 15m,另有约 15％的建筑在 20～30m 的范围内,其余的建筑均为 30m 以上。由于研究区属于南京主城区的中心,存在一些超高层建筑,如 89 层的紫峰大厦等。高层建筑分布基本沿街,或与广场等城市空间相关,主要道路两侧呈点状集聚分布或带状分布,这种空间分布特征与空间区位、交通可达性、基础设施和发展容量需求等因素息息相关[①]。作为南京城市中心的主干道,高层建筑大多分布在中山路以及洪武北路两侧。沿上海路及太平南路则建筑高度普遍较低,这是由于沿线较多分布了多层小区、公园、绿道等(见图 4-59)。

3.容积率空间分布特征

从数量分析,近 40％的网格容积率在 1.6 以下,另有约 40％的网格容积率在 1.6～3,约 20％的网格容积率在 3～4.8,均值为 2.07。杨俊

---

① 杨俊宴,吴明伟,张浩为.南京新街口 CBD 的量化研究[J].华中建筑,2009,27 (11):69－72.

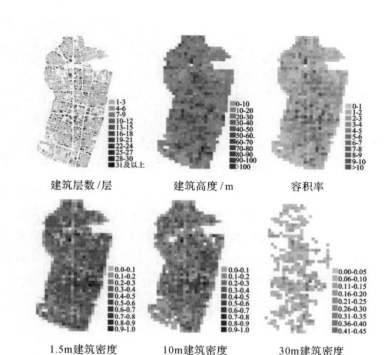

建筑层数/层   建筑高度/m   容积率

1.5m建筑密度   10m建筑密度   30m建筑密度

图 4-59   研究区不同高度建筑密度及建筑层数、建筑高度、容积率分布

晏等研究比较了亚洲 17 个城市的 29 个中心区,其容积率均值为 2.0,中位数为 1.9[①],研究区的容积率属于中等水平。从空间分布分析,总体呈南北低中间高的特点。容积率较高的网格分布在中山东路沿线,这是由于在此有新街口商圈。作为南京市的传统 CBD,新街口通过近 30 年的发展,从最开始的十字街扩张成为一个商业区,并不断集聚商业职能和商务功能,用地更为集约,因此,容积率与周边对比相对较高[②]。另外,鼓楼周边也出现了几个容积率较高的点状斑块,这是由个别超高层建筑集中造成的。

---

① 杨俊宴,史北祥.亚洲国际化城市中心区空间指标比较研究[J].城市规划,2016,40(1):32—42.
② 史云亘,康国定,华中,等.信息化时代 CBD 空间结构演变研究——以南京新街口为例[J].安徽农业科学,2010,38(3):1573—1576,1589.

4. 数值模拟风速的空间分布特征

如图 4-60 所示,高 1.5m 处建筑迎风面的风速普遍介于 1~1.2m/s,迎风建筑两侧的风速可达 1.4m/s,而背风的风速普遍不足 1m/s,属于风速过低的静风区域,同时静风区域比风速适宜区域的面积要大。与线型排布的建筑相比,点状布局建筑周围的风速要更大一些。高 10m 处建筑迎风面的风速为高 1.5m 处的 2 倍左右,大部分区域风速在 1.4m/s 以上,还有小部分区域的风速可以达到 3m/s。背风面静风区域面积显著减小,且静风区集中在建筑排布较为密集的区域。高 30m 处建筑迎风面的风速为 1.5m 处的 2.5 倍左右,大部分区域风速在 2.5m/s 以上,还有小部分区域的风速可以达到 4m/s,静风区域基本消失。风速较高的区域出现在大体量高层建筑的两侧,或者在相距较近的两栋高层建筑之间。对风速进行竖向对比可知,在垂直方向上存在着"风岛"效应,即越靠近地面,风速越小。这是由于近地面建筑的密集排布对风的传播起到了阻碍作用。

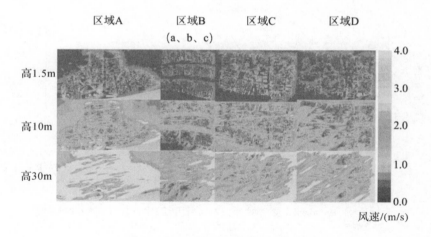

图 4-60　数值模拟风速云图

4.3.3　不同高度的建筑形态参数对通风效果的影响

1. 典型路段建筑形态参数与风速分布断面

通过典型断面分析,在 1.5m 高度处风速变化较小,距主风道 200m

处风速较大,距主风道100m处风速较小(见图4-61)。同时,风速与建筑密度曲线走势相反,大部分区域与建筑高度和容积率走势一致。风速较高的位置与路口的位置一致(见图4-62)。在10m高度处,风速与建筑密度之间的反向趋势更为明显,距道路300m处风速较高,该断面与道路分布的一致性更为显著(见图4-63)。

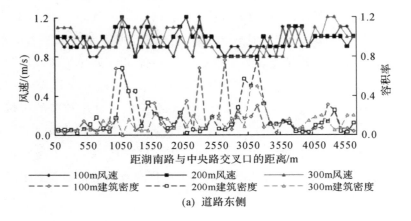

(a) 道路东侧

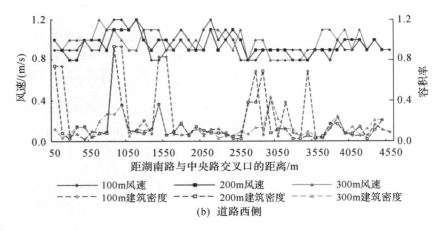

(b) 道路西侧

图4-61　道路两侧典型断面风速与容积率(1.5m高度)

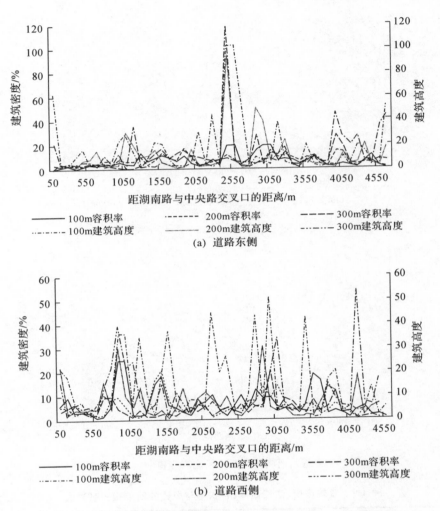

图 4-62　道路两侧典型断面建筑密度与建筑高度(1.5m 高度)

2. 建筑形态参数与风速的相关性分析

高 1.5m 处风速与建筑密度之间的相关性很弱,而在高 10m 处及高 30m 处,建筑密度与风速的相关性显著增强,且皮尔逊相关系数值均为负,说明随着建筑密度的增大,风速有所减小。建筑高度与风速之间成正相关关系,即随着建筑高度增大,风速也增大。风速与容积率之间的相关性很弱(见表 4-9)。

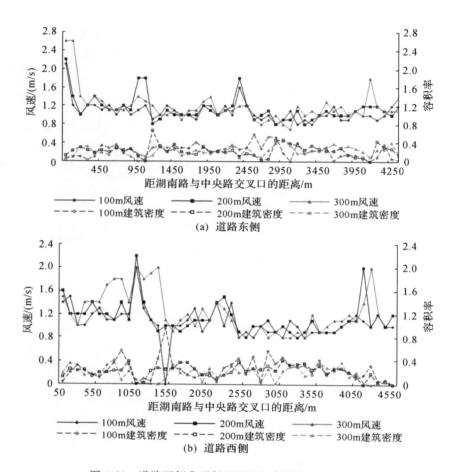

图 4-63　道路两侧典型断面风速与容积率(10m 高度)

表 4-9　建筑密度、建筑高度、容积率与风速的简单相关系数表

建筑形态控制参数	皮尔逊相关系数	风速(双尾均方差)	样本数 N
建筑密度(1.5m)	0.040	0.340	576
建筑密度(10m)	−0.475**	0.000	532
建筑密度(30m)	−0.314**	0.000	213
建筑高度	0.237**	0.000	576
容积率	−0.049	0.224	576

注：带"**"的表示相关系数在 0.01 的显著性水平(双尾)上显著相关。

　　经过简单相关分析,在高 1.5m 处建筑高度与风速之间成正相关关系,而建筑密度、容积率与风速之间相关性很弱。偏相关分析结果显示,在高 1.5m 处建筑高度与风速仍呈正相关关系,而建筑密度、容积率与风速相关性很弱(见表 4-10)。

表 4-10　建筑密度、建筑高度、容积率与风速的偏相关系数

建筑形态控制参数	相关系数	风速(双尾均方差)	样本数 N
建筑密度	-0.011	0.795	576
建筑高度	0.232^{**}	0.000	576
容积率	-0.047	0.263	576

注:带“**”的表示相关系数在 0.01 的显著性水平(双尾)上显著相关。

3. 结果分析

将简单相关分析与偏相关分析的结果进行比较,建筑密度、建筑高度与容积率相关系数的差值分别为 0.051、0.005 和 0.002。这说明三个变量会相互影响,但影响程度很低,不会显著影响到与风速的相关关系。综合简单相关分析与偏相关分析的结果,总体上,建筑密度与风速呈负相关关系,而建筑高度与风速呈正相关关系,容积率与风速无明显的相关关系。高 1.5m 处建筑高度与风速呈正相关关系,相关性不显著,建筑密度、容积率与风速无明显相关性。

这种情况出现的主要原因如下:(1)行人高度区域整体风速变化较小。由风模拟的结果可知,1.5m 处风速主要变化区间为 0.9~1.4m/s,变化范围较小。统计区域内建筑形态指标及风速的均值和标准差可知,风速与建筑密度的变化幅度很小(见表 4-11)。因此,高 1.5m 处建筑密度与风速相关分析结果并不能很好地反映两者的关系。(2)行人高度风速受建筑围合形态的影响更大。张涛也认为行人高度的风速水平与建筑密度直接关联,且为负相关关系[①]。但在实际的街区中,由于建筑围合形式的不同,建筑的挡风作用不同。研究区中的很多街区,尤其是居住街区往往在街区边缘形成围合或半围合形式,造成街区内部形成静风区域。由于建筑围合形式的影响,建筑密度对风速的影响被削弱了。

---

① 张涛. 城市中心区风环境与空间形态耦合研究——以南京新街口中心区为例[D]. 南京:东南大学,2015.

表 4-11　风速(1.5m)与建筑形态指标的均值与标准差

参数	均值	标准差	N
风速	1.00	1.20	576
建筑密度	0.14	0.17	576
建筑高度	12.77	7.19	576
容积率	4.14	3.77	576

4.3.4　结论与讨论

从模拟风速的竖向对比可知,在垂直方向上存在着"风岛"效应,即越靠近地面,风速越小。这是由于近地面建筑的密集排布对风的传播起到了阻碍作用。断面分析结果表明,风速与建筑密度曲线走势相反,风速较高的位置与路口的位置一致,并且随着高度增加,风速与建筑密度之间的反向趋势更为明显,街道位置的风速明显高于周边。相关系数计算结果也说明,建筑密度与风速呈负相关关系,即随着建筑密度的增大,行人高度的风速有所减小;而建筑高度与风速之间成正相关关系,即随着建筑高度增大,行人高度的风速也增大。可见,街区层面建筑密度和建筑高度对街区的通风效果产生直接影响。高 1.5m 处风速与建筑密度之间的相关性很弱,相关系数为 -0.011;而高 10m 处及高 30m 处,建筑密度与风速的相关性显著增强,且相关系数值均为负,相关系数分别为 -0.45 和 -0.314。

根据模拟结果,可以分别从改善街区内部风环境和区域通风两个角度,提出城市中心区通风廊道建设规划对策。

首先,大城市中心区应采取降低建筑密度、加大竖向开发的方式来改善城市风道的通风功能。降低建筑密度对改善通风具有最直接的效果。但由于中心区更为看中土地的经济效益,单纯降低建筑密度的方式是很难实行的。可以在降低建筑密度的同时加大城市中心区的竖向开发,以达到提升城市底部空间通风效率的目的,如将多层建筑类型改为高层低密度的高层建筑类型,将长条式建筑改为点式建筑等。另外,街区内部通风受建筑围合形式的影响更大,因此减少街区边缘围合式的布局,是使风能够渗透街区的有效手段。研究区内裙房数量较多,且多为 2～3 层,由此在街区外围形成的围合式布局极大地阻碍了街区内外通风,建议新建居住区减少裙房数量,可适当提高写字楼下裙房的层数。

其次,城市中心区建设应该形成低层建筑贯通空间。断面分析结果表明,道路及建筑高度"洼地"是风速较高的区域,因此增加风道的数量是疏解通风的有效手段。但城市中心往往是经过很长时间形成的,道路的数量和走向也较为固定,在主风向上形成低层建筑连贯的风通道可以在建筑密集的街区内部形成风速较高的连续区域,也是可以改善区域通风的方法。具体的方法是通过管理控制规范控制建筑高度或者结合已存在的历史街区等,形成连续的低层建筑排列区域。南京大学、金陵中学、明华新村位于一条轴线上,且建筑高度普遍低于周边地区,以此为基础形成的低层贯通空间可有效改善街区内部的通风。在未来的建设中,在此轴线两端沿线建筑高度尽量控制在 20m(7 层)以内,以保证通风效果。此外,在今后的建设中亦可考虑将朝天宫景区、夫子庙等建筑高度较低的区域作为低层贯通的轴线基点。

最后,适宜将高层建筑布局在主风道两侧。由高 30m 处的风速云图可知,高层建筑之间往往形成通风良好的区域。在主风道两侧布置高层建筑,能够更大限度地引导风在区域之间的流通。在保证容积率的前提下,主风道两侧布置高层建筑可以在建筑之间保留更多的通风空间。结合鼓楼和新街口两个高层建筑密集区,将片区主要的高层建筑布置在中山路两侧,洪武路、珠江路、中山东路作为潜在通风道,其两侧也可结合现状布置高层建筑。

三维空间不同高度上的模拟,分析了建筑形态参数与通风效果之间的相关性,提出了控制性详细规划层面相应的可操作的规划策略。在今后的研究中尚有一些需要深化与完善的工作。例如,在高 1.5m 处建筑形态指标与风速关系的探讨中,需要进一步分析建筑的围合形式对风速的影响;应进一步深化研究建筑密度与建筑高度对风速影响的适宜区间等。在城市控制性详细规划阶段,从风道研究角度增加控制性指标的研究应受到规划管理部门的高度重视,以便为制定相应的管理控制规范提供科学依据。

第5章　城市风道量化纳入城市规划设计
与管理体系的策略和方法

5.1　气候适应性城市设计研究进展

随着城市快速发展,人们逐渐意识到微气候与城市物质空间形态的
关系,并且两者有着密不可分的关系①。学者们在风环境和城市设计的
相关关系上进行了较为深入的研究,填补了风环境领域的城市设计理论
的空白。例如,郑悦建议将城市环境的控制和引导纳入城市设计体系中
来,贯穿整体城市设计、局部城市设计和地块城市设计三个层次的城市
设计与管理工作的始终②。冷红等从宏观、中观和微观三个层面提出寒
地气候适应性城市设计策略,包括城市形态结构、城市整体景观、建筑群
体布局、公共空间和开放空间设计等③。李军等学者以典型炎热地区武汉
为例,从宏观、中观、微观三个层次分别对城市设计进行了探索,探讨武汉
老城区的合理保护与开发的控制方式④。祝亚楠等提出了基于居住区主
导型、商业区主导型、道路广场主导型、城市绿地主导型、工业区主导型的

①　Nikolopoulou M, Baker N, Steemers K. Thermal comfort in outdoor urban
spaces: Understanding the human parameter[J]. Solar Energy, 2001, 70(3):
227—235.
②　郑悦.基于城市风道构建的城市设计优化研究[C].持续发展理性规划——2017
中国城市规划年会论文集(07城市设计),2017.
③　冷红,郭恩章,袁青.气候城市设计对策研究[J].城市规划,2003,27(9):49—54.
④　李军,黄俊.炎热地区风环境与城市设计对策——以武汉市为例[J].西部人居环
境学刊,2012(6):54—59.

风环境优化策略①。郭廓通过城市形态参数来评价城市风环境质量,在城市规划、城市设计和建筑设计三个层面上改善城市空间的风环境,并研究了风环境形态参数的计算方法②。石邢等则是将行人高度作为城市风环境和城市设计的中介,建立了基于城市空间分析的行人高度城市风环境评价准则和方法,综合考虑了机械舒适度、安全性、风速放大系数、行人对风环境的主观容忍程度等要素,并提出了处理风环境特有的随机性的办法③。

　　另一方面,学者不仅仅对理论体系进行了补充评估,还有一部分规划师已将风环境代入城市设计体系,进行了一定的实证研究。例如陈宇在充分研究和分析包头市新都市中心区自然风环境的情况下,通过建筑布局、道路转向和绿地设计等措施对区域进行了合理的布局,并对设计方案进行了风环境评价,对后续的城市建设提出了建议④。李雯霏以辽东湾金帛岛为例,从城市绿地、交通系统以及居民户外舒适度的角度,提出优化金帛岛城市风道网络的策略⑤。张雅妮等以广州市的河道工程荔枝湾涌一期为例,综合考虑外界盛行风、自然对流和热辐射等多重作用机制的影响,采用微气候模拟软件 Envi-met,对改造前和改造后的当地风环境和人体舒适度进行比较,提出在河道空间城市设计中建立气候适应性评价机制的必要性与策略,并探讨了其优化模式⑥。吴鑫等以重庆市凤凰湖地区的城市设计为研究对象,对典型城市中心区城市风场进行了模拟,并采用

---

① 祝亚楠,胡纹.城市设计中基于不同主导功能区的风环境优化策略[C].2018 城市发展与规划论文集,2018.

② 郭廓.基于自然通风效能的大连城市形态设计策略——以星海湾区为例[D].大连:大连理工大学,2015.

③ 石邢,李艳霞.面向城市设计的行人高度城市风环境评价准则与方法[J].西部人居环境学刊,2015(5):22-27.

④ 陈宇.风环境导向的包头市新都市中心区城市设计[J].规划师,2015,31(4):61-66.

⑤ 李雯霏.结合气候条件的金帛岛城市设计优化方法研究[D].沈阳:沈阳建筑大学,2016.

⑥ 张雅妮,殷实,肖毅强.气候适应性视角下的河道空间城市设计评价和策略研究——以广州市荔枝湾涌改造一期工程为例[J].西部人居环境学刊,2018,33(3):73-79.

概率阈值法对行人风环境舒适度进行了分析,该研究为 CFD 技术在城市设计中的应用提供了参考[①]。王晶则利用 CFD 模拟技术分析了滨河街区风环境,总结出基于通风环境优化的建筑布局策略,并探索了滨河街区建筑布局、河道和风环境之间关系[②]。

从国内外对于气候适应性城市的研究可以看到,城市风道的研究除了集中在城市通风模拟和污染物扩散方面,也经历了从建筑单体到街区尺度,再到城市整体环境的发展过程,主要是从城市建筑或建筑组合形态、街谷形态、街道走向等单个元素的角度来研究其对城市气流的扰动,通过对城市空间布局的合理性及对建筑关系的处理手段,在总体规划层面上以理论分析、定性分析为主来确定城市风道总体布局方案,在城市设计的层面只是从宏、中、微观提出相应的设计策略,并未从设计与规划管理的角度提出一套相对完善的基于城市风环境研究的城市设计导则。目前,我国城市风道规划理论与方法尚处于不够系统、不够全面、缺乏科学化的定量研究的状态,有待进一步探索和研究。

5.2   城市通风纳入城市总体设计编制的策略和方法

在考虑城市总体设计编制过程和通风研究过程基础上,挖掘相互之间的关系和切入点,并在原有的设计中补充关于城市通风环境的相关内容。将城市通风研究纳入城市总体设计编制主要是通过"引导—规划—检验—改进"的工作方法。其中,引导阶段的城市风环境总体分析用以论证城市空间优化措施的必要性及其空间需求,从而在空间和功能布局及形态控制等方面提出建议。而检验阶段的城市风环境预测用以及时评估草案的合理性和科学性,从而在公共空间设计、建筑物形态布局调整等方面提出改进建议(见图 5-1)。

---

①   吴鑫,曾佑海.基于 CFD 技术的城市风环境设计策略研究——以重庆市永川区凤凰湖城市设计为例[J].建筑与文化,2015(4):158—159.

②   王晶.基于风环境的深圳市滨河街区建筑布局策略研究[D].哈尔滨:哈尔滨工业大学,2012.

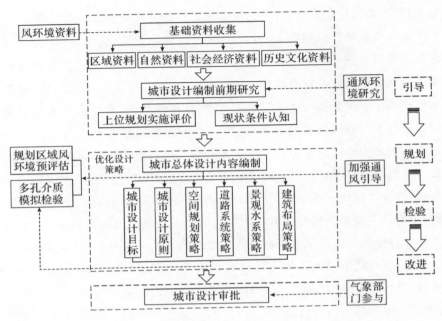

图 5-1　通风研究纳入城市总体设计编制的流程

5.2.1　前期研究阶段

在规划设计中,无论是区域战略性规划、城市总体规划、城市详细规划还是城市设计,对规划范围内地块的研究是基本任务,也是最重要的部分,这决定了规划设计的方向。而气候学专家团队在现实设计中的参与也是前期研究阶段的一个重要构成,主要负责分析有关城市地区的气候条件,以确定拟计划需要解决的关键问题。有些城市可能只有一个明确的气候,而许多城市,例如纽约,会经历寒冷的冬季和炎热潮湿的夏季,在规划中这两个条件都需要进行详细分析。Givoni 对许多不同的气候进行了分析。该报告涉及人类热舒适的定义,提供了城市气候相关特征的一般描述,并讨论了各种规划特征、住房类型和植被对城市小气候的影响①。其广泛的范围表明了问题的复杂性以及在城市规划背景下的需求。因此,规划设计人员需要对研究区有详细的认知和充分的了解,这样才能因

---

① Givoni B. Urban design in different climates[J]. Givoni, B. Urban Design in Different Climates WCAP-10, World Meteorological Organization, Geneva, 1989.

地制宜,提出适用的规划策略,为城市居民营造良好的物质空间环境。

　　城市气候环境问题在 21 世纪已被人们更加重视,优化城市气候、促进城市通风应被明确列入城市规划与城市设计目标体系[①]。在大多数城市的历次城市总体规划及修编中,已更加重视城市生态廊道的构建,但均未体现城市通风廊道的内容。因此,在制订规划时,不仅要从总体规划的层面进行城市通风内容的补充,更要将总体规划的目标及内容贯彻到城市详细规划和城市设计中去。在充分研究了规划范围内的风环境后制定设计目标及原则时,需在"营造宜人环境和促进可持续发展"的内容中,提出将"改善区域风环境"作为子目标和原则,并兼顾其他的设计目标和原则,主要从在城市总体设计编制前期增加城市通风环境评价的内容、在城市设计目标及原则制定时增加通风环境的内容这两部分展开(见图 5-2)。首先,需要对城市通风环境的资料进行收集和整理,统计历年城市风速、风向、静风区等基础气象数据。其次,城市通风性能的评价可以从三个方面展开,包括地表粗糙度、道路通风性能以及开敞空间。这部分也可借助数值模拟技术,例如利用 CFD 模拟研究区的风环境对其进行评估。在综合评价研究范围的风环境情况后,基本可明确该区域的整体通风问题,例如可以识别出主要高频静风区、背风区等,并能确定该区域的通风载体。这对于设计策略的选择有决定性的作用,也为城市总体设计规划的编制提供了依据和指引。

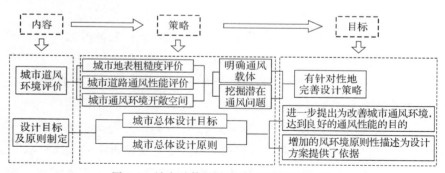

图 5-2　城市总体设计中通风环境研究策略

---

① 任超. 城市风环境评估与风道规划——打造"呼吸城市"[M]. 北京:中国建筑工业出版社,2016.

5.2.2　中期编制阶段

基于城市风道的规划多以城市尺度为切入点,研究风道的主要内容主要有城市用地布局、城市道路交通系统、城市绿地景观系统、城市开敞空间等。此外,2017 年 6 月 1 日起施行的《城市设计管理办法》规定,城市设计应当保护自然山水格局,优化城市形态,创造宜居公共空间。城市核心区的设计应当注重与山水自然的共生关系,组织城市公共空间功能,注重建筑空间尺度,提出建筑高度、体量、风格、色彩等控制要求。城市设计规划编制的重点在于空间规划、城市景观、公共空间、建筑布局引导等方面,同时也需要在充分研究和分析前期内容的基础上进行规划工作。因此,在城市设计规划中也将从宏观视角出发,将通风研究与城市总体设计内容有机结合,探索城市设计控制引导的思路。

1. 营造通风廊道

规划区的风环境研究需要将整个区域放在城市的尺度中考虑,利用周边的自然因素将自然风引入城市中心,以此达到净化空气的目的。依据风道的类型分类,可将其分为道路型风道、绿地型风道和河道型风道[①]。因此在城市规划中,需要将绿地、湖泊、林地、公共空间、城市道路等自然元素和人工元素共同考虑。其次,通风廊道的走向和宽度也有一定的要求。李军等认为:一般情况下城市主要通风廊道的宽度应控制在 150m,次级通风廊道的宽度应不小于 80m,宽度应至少为两侧建筑高度的 1.5 倍,最好为 2～4 倍;在任何情况下,风道的宽度不应小于 30m,最好为 50m,同时,长度至少为 500m,最好大于 1000m[②]。匡晓明等认为:在街区尺度下,当城市通风廊道宽度至少达到 30m 时,通风效果较好,而宽度达到 100m 时通风效果极佳;风道方向与主导风向不需要完全平行,在夹角小于 30°时对通风效能影响较小,也更有利于风道的布局[③]。

① 汪琴. 城市尺度通风廊道综合分析及构建方法研究[D]. 杭州:浙江大学,2016.
② 李军,荣颖. 武汉市城市风道构建及其设计控制引导[J]. 规划师,2014,30(8):115 —120.
③ 匡晓明,陈君,孙常峰. 基于计算机模拟的城市街区尺度绿带通风效能评价[J]. 城市发展研究,2015,22(9):91—95,157.

　　风道的构建一般是通过加宽入口通道和通过外部因素引导风的走向来进行的。因此,可以考虑与城市绿带、生态带或者河道相结合的方式,通过改变下垫面的类型使得表面粗糙度降低,从而将风引导进入城市中心,缓解热岛效应。另一种方式是与城市开敞空间的布局相结合,这在规划中也是常用的方法。与城市广场、公园绿地等开敞空间的结合布局不仅使广场绿地具有休憩、娱乐的基础性功能,更是生态功能的集中体现。在城市设计中,组成连续的开敞空间有助于城市风道的引导。此外,通过建筑的排布变化也能营造风道。例如,在一定宽度的道路型风道两侧降低建筑高度和密度,更有利于提升通风效果(见图 5-3(a));当主导风向与高层建筑排布平行时,较高的建筑体排列可以做到引导城市风道的作用(见图 5-3(b))。因此,可以看出并不是一味地降低建筑群体的高度和密度,而是需要在充分了解规划区风环境的基础上规划风道。具体营造方式如图 5-4 所示。

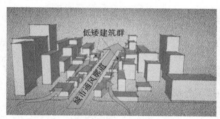
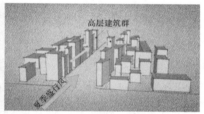

(a) 低矮建筑加宽城市风道示意　　　　(b) 高层建筑引导城市风道示意

图 5-3　建筑高度影响城市风道示意

2.适当混合的功能布局

　　有机混合的城市功能布局不仅可以在一定程度上通过功能集聚达到人口集聚的规模效应,从而满足使用者的各种需求,更可为城市未来发展提供灵活性和适应性。此外,在城市层面,混合的城市空间分区和布局使居住区、绿地广场、商业区等基本功能区穿插分布,在一定程度上能够缓解城市热岛效应。同时,变化的城市功能布局有利于营造块状、带状的公共空间,可以通过通风廊道将集聚在城市中心区的污染物带出城区。例如,将建设强度较高的商业商务办公区布置在通风廊道边,将居住区布置在外围并配以相应的绿地广场,这样的布局可以强化风道对热场的切割

图 5-4　城市风道营造方式

作用,可以减弱城市中心区的热量集聚,也可以引入风流(见图 5-5)。在街区和建筑层面,往往功能更混合的地块路网密度也更大。密集的城市路网结构也有助于优化城市风环境,提升空气质量。但是过于杂乱的布局不仅不利于城市微气候的优化,更会使得空气污染加剧,热岛效应加剧。因此,在城市设计中需要更加注意控制好整体用地结构,考虑将用河流、绿带等天然风道和开敞空间、城市主干道等人工风道分割不同的功能分区,以达到人性化、多样化和生态化的目的。

3.调控建设强度

建筑密度和建筑高度是影响城市风环境的主要因素之一。有研究表明,建筑高度的变化会加强街道与顶部风的垂直换气,从而使高楼周边的风速加快,低矮建筑顶部的风速降低[1]。依据香港规划署发布的《都市气候图及风环境评估标准可行性研究》,鼓励将街道边的建筑物向后退,以此来减少建筑物的临街面面积,增加通风度(见图 5-6),同时也提出建筑密度不超过 65%。此外,可以通过降低入风口的建筑高度使入风口的宽度加大,从而将自然风引入城市中心地带。例如在迎风口布置梯级分布

---

① Lin M, Hang J, Yuguo L I, et al. Quantitative ventilation assessments of idealized urban canopy layers with various urban layouts and the same building packing density[J]. Building & Environment, 2014, 79(8):152—167.

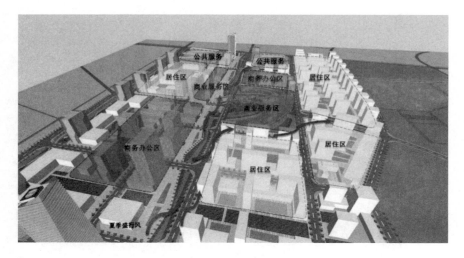

图 5-5　商住混合功能区风流动示意

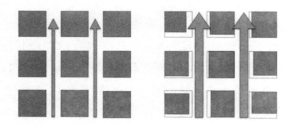

图 5-6　不同地面覆盖率的通风效果比较示意

的建筑(类似"喇叭口"的效应)当夏季风来临时,风通过错落有致的建筑群将滞留在街区内部的污染物吹散出去,在一定程度上可以改善建筑群内部的通风状况(见图 5-7)。因此,通过降低建筑密度、阶梯式排布建筑的方法,能够有效改善城市的通风环境。

5.2.3　后期审批阶段

城市设计成果在报送审批前,往往需要通过论证会、咨询会的方式来征求专家的意见。尽管规划和设计从业者需要了解城市气候环境,但气候学家需要在了解规划和设计实践背景的基础上,积极地参与到城市规划的制订中去,使得城市设计规划的编制内容充分体现出可持续化、生态型的概念。通常,在评价城市设计方案时,人们往往会从美观或者视觉效

图 5-7 梯级建筑排布时自然风流通示意

果、精神感受出发对成果产生主观看法和意见,这缺乏评价的客观性。并且,在实践中,城市设计的成果缺乏一套相对统一、完善的评价标准,因而其可操作性不强。而气象学家可以运用综合技术方法,例如计算机建模、气候分析等,不仅为定量研究城市气候环境提供技术支撑,还为决策的优化提供科学依据。他们的参与能够提出更有利于城市气候、生态环境发展的意见与建议,使得评价过程更具有客观性。

5.3 城市通风纳入城市规划管理的策略和方法

1. 编制城市通风廊道专项规划

针对当前存在的风道规划的问题,可以发现,在规划设计中,不仅需要控制"量",也要提出"形"的要求。前期,需要开展基础气象资料研究,通过气象专家、规划专家讨论论证;中期专项规划的编制内容需要包括指令性内容,例如地块限高、建筑限高、建筑密度、容积率、绿地率等量化指标,还应包括引导开放空间、建设用地、建筑体量、交通组织、景观系统、绿地系统的形态生成。只有这样才能更好地理解城市形态与城市气候的作用机制,理清其中的影响因子和作用规律。其次,需要利用计算机技术加快对城市风道选取精确度的研究。目前,风道研究主要基于遥感、GIS 与

CFD集成技术,以实现城市风道空间布局。但是,由于缺乏城市三维空间模型与数值模拟分析技术的支撑,目前的城市风道规划研究很少有定量分析与三维空间模拟,很难向详细规划、城市设计层次与深度推进。而计算机技术的进步为分析城市环境的污染状况、城市通风状况等提供了技术支持,可对城市通风能力更好地进行定量分析,并为城市规划提供决策参考。因此,加强大气监测及计算机数值模拟技术在规划编制中的应用尤为重要。

2. 强化与国土空间规划的衔接

在实践中,由于各部门职责交叉、分散,导致规划标准和技术规范难以统一的问题屡见不鲜。自从自然资源部组建以来,全国正开展国土空间规划,在下一步"多规合一"中解决城乡建设规划与土地利用规划之间的规范统一问题。目前,在城市总体规划的层面还未有具体的关于城市风道规划的内容,也缺乏风道规划的技术导则。许多学者提出了一些城市风道的建设标准,但是存在只针对一条风道简单地提出建设标准的现象,未考虑到同样等级风道的相互联系或是分级建设风道的问题。尽管一些城市已经开始了通风廊道的建设,例如北京、长沙等,但在实际规划中,规划师不仅要在宏观上引导城市用地的布局,还要在微观上引导具体开发项目的形态生成,这也是将两者建立一个因果链的过程。只有更好地将城市设计与新阶段的国土空间规划、城市总体规划、控制性详细规划相衔接,整个城市才能成为缓解城市环境问题的"机器"。

在规划体系上,应该重视风道的重要性,将城市风道规划纳入城市国土空间规划体系中。城市风道的规划和建设不是一个短期工程,其构建、运作和维护需要制度、政策等多方面的充分保障。城市风道的建设必须从空间规划体系的整体构建层面来考量。应将城市风道的规划和建设纳入空间规划体系中,突出其战略地位。此外,为了保障城市风道实施的有效性,还应针对城市风道范围及周边地块进行统筹研究,提出相应的城市设计控制指引。对中心城区各地块的建筑高度、建筑退让、建筑朝向、广告设置、市政道路等进行统筹研究,为下位规划的编制和建设方案审批提供技术依据。

3. 加强部门间的沟通

城市风道研究涉及土地、规划、建设、气象等方面的科学知识及技术

要点,风道建设更需要政府多个部门的深度参与。目前,城市风道的建设
实施缺乏一个多部门协调综合的管理机制,相关的职能部门存在职能交
叉、协调度不够等问题。有专家认为,城市气候环境问题频发是由于快速
城镇化发展的同时对气候空间规划策略缺失,政府下设的各部门之间,如
气象、环保、规划等部门间缺乏沟通,规划设计人员缺少城市气候应用教
育与培训等多方面因素所致①。我国行政体制复杂,在面临一个综合、复
杂的问题时,由于相关职能部门职责不明晰导致两个或多个部门"管理真
空"的问题屡屡出现,各部门之间也缺乏协调机制和综合管理机制。例
如,控制性详细规划阶段的建设指标问题往往只考虑建设项目的经济性、
风貌景观等要求,而缺乏通风功能对建设指标及建筑形态的要求,出现
"管理真空"。而在城市设计阶段,由于前期的总体规划和控制性详细规
划阶段缺乏对气候条件、气象数据的重视,因此设计中缺乏对风环境的认
识,导致成果的疏漏。因此,在将通风研究纳入城市设计规划编制后需要
建立一个完善的协作机制。我国根据 2018 年提出的机构改革方案,组建
了自然资源部,将住房和城乡建设部的城乡规划管理职责纳入其中。事
实上,这次机构的改革在一定程度上能加强部门间的协调作用,为城市风
道规划的实施提供了保障。

---

① 　任超,袁超,何正军,等.城市通风廊道研究及其规划应用[J].城市规划学刊,2014
(3):52—60.

第6章 总结与展望

6.1 总 结

6.1.1 城市尺度

1.利用定性与定量相结合的方式提出了城市尺度通风廊道构建方法

鉴于定性研究的城市风道构建方法总体上偏简化,缺乏有力的数据支撑,而基于CFD模拟的定量研究方法更适用于中小尺度,大尺度的模拟易受到三维实体模型构建、计算机硬件条件等因素的限制,本书提出以城市风道理论为基础,利用地表温度反演、GIS叠加分析以及城市气象数据空间化的方式分别确定出城市作用空间和补偿空间、潜在空气引导通道以及城市主导风向气候特征,最后结合城市建设情况综合分析出城市潜在的通风廊道的方法,并从城市总体布局、路网系统、开敞空间系统以及广义城市风道构建的角度提出城市风道的营建方式,为城市尺度通风廊道的构建提供一种新的思路。

2.实证案例探索结论

运用上述提出的城市风道构建方法,本书以杭州主城区为例进行实例探索,并得出以下结论。

(1)利用地表温度反演确定了杭州的作用空间和补偿空间

依据杭州2015年5月22日遥感影像图反演出的地表温度可知,杭州地表温度总体呈现核心高、外围低的特征,高温区主要集中于武林核心商圈(河坊街、环城北路以及秋涛路附近)、西湖区东侧成片的密集居住区

（翠苑、益乐新村、古荡新村）、下城区和拱墅区内未搬迁的工厂区以及下沙的经济技术开发区，而低温区主要集中在具有大量山体的西湖区、大面积水域的钱塘江、绿化覆盖率高的半山森林公园地块以及白马湖附近。在此基础上结合城市老城区、工业园区、大型交通枢纽区、CBD 核心区以及居住密集区的空间分布情况，确定出 16 处作用空间；同时结合城郊农田耕地、山体林地、水域以及城市大型公园的空间分布情况，确定出 11 处可作为冷空气生成区域的补偿空间，17 处可缓解热岛效应的热补偿空间。

　　（2）利用 GIS 叠加分析法确定出杭州主城区潜在的空气引导通道

　　依据实际调研数据，以 GIS 为操作平台形成杭州主城区风流通潜力的五张单因子影响图，并运用 GIS 叠加分析法将各单因子影响图叠置出城市风流通潜力的综合影响因子图，依此分析判断得出：1）杭州北、西、南三侧绿化覆盖率高的半山公园、西溪湿地、西湖及周边山体、白马湖及周边山体是主城区新鲜空气的重要来源；2）钱塘江、京杭大运河、余杭塘河、贴沙河、石祥路、天目山路—艮山西路—下沙路、同协路—机场路、江南大道及 11 号大街等线性空间的通风潜力较强，适合做空气引导通道。

　　（3）利用自动气象站数据分析出杭州主导风向特征

　　选取 2005—2015 年杭州国家基准气象站点的数据绘制成风玫瑰图，发现杭州夏季和冬季风向差异明显，夏季的主导风向为 SSW 风（南西南风），平均风速为 2.14m/s，冬季的主导风向为 NNW 风（北西北风），平均风速为 2.08m/s。由于城市地形以及下垫面差异的影响，城市内部各点的风向又千差万别。遴选出 15 个自动气象站点的数据，并按照站点绘制出冬、夏两季的风玫瑰空间分布图，依此图分析统计得，杭州主城区夏季风向以东北风向和西南风向为主，冬季的风向较为复杂，以东北风向、西北风向及西南风向为主，且各风向频率之间不分伯仲。

　　（4）综合分析得出杭州主城区潜在的城市风道

　　综合杭州主城区作用空间和补偿空间的确定、空气引导通道的确定以及城市主导风向特征的分析，构建出"两横四纵"六条潜在一级风道和五条横向的潜在二级风道。六条潜在的一级风道分别为：风向以东北方位为主的钱塘江、半山—皋亭山—黄鹤山风景区—上塘河（半段）—余杭塘河、乔司农场—下沙河道中心公园—下沙沿江公园；风向以西北方位为主的京杭大运河；风向以西南方位为主的吴山景区—贴沙河及沿岸公园—华家池—艮山运河公园、午潮山国家森林公园及西湖风景名胜区—六公园、五公园等滨湖公园。五条潜在二级风道均以城市主次干路为依托,分别为:浙窑公园—石祥西路(非高架段)—紫金港;笕桥地块—机场路—环城北路—天目山路—西溪湿地;钱塘江—江东大道—德胜快速路(北侧防护林带)—近江工业区;奔竞大道—江南大道—钱塘江以及钱塘江(滨江公园处)—江晖路—白马湖。最后,针对潜在一级风道提出具体的管控措施。

6.1.2 城区尺度

1.初步实现多孔介质模型街区尺度风环境中的应用

通过构建多孔介质模型对小尺度区域的风环境进行模拟,利用实测风速值对比数值模拟的风速值,发现两者拟合较好,模拟结果能较好地说明当地风环境的情况,并认为多孔介质模型在一定程度上可以简化计算、缩短模拟时间,更好地提高模拟研究的效率,因此,可以将其用在较大范围的研究区进行实例探索。

2.进一步验证多孔介质模型能够在中尺度范围中使用

利用所提出并已证明其可行性的多孔介质模型研究了杭州未来科技城重点建设区域,以当地的城市设计成果为研究对象,将模型简化后用Fluent软件进行数值模拟,并用实际观测值检验了模拟结果,发现尽管两者数值结果相差较大,但由于该研究区现状以低密度和低高度的建筑和空旷土地为主,并且两者拟合的趋势线基本吻合,可以证明模型的合理性。

3.提出城市设计优化策略

根据杭州未来科技城重点建设区域的模拟结果,发现:(1)风速的高值区在入风口的区域以及城市路网处;(2)1.5m行人高度的风速整体较低,而10m高度的风速较大,能够更好地体现区域整体通风情况;(3)重点建设区内风速大小的差异与城市功能区的布局有关,核心区的中心城区作为商务服务中心,建筑高度和建筑密度也会与周边的居住区和研发中心有明显的差别,使其建筑迎风面积密度较高。最后以冬季防风、夏季通风为目的,提出了通风廊道构建、开敞空间组织、街区边界形态控制、土地开发强度调控以及道路系统优化的城市设计优化策略。

4. 提出将城市通风量化研究纳入城市总体设计规划的编制和管理体系

提出将城市通风量化研究纳入城市总体设计规划的编制和管理体系,并制定了"引导—规划—检验—改进"的工作方法。在进行城市总体设计规划编制时,从前期研究阶段开始充分研究城市通风环境;在中期编制阶段,对成果进行数值模拟以达到对设计成果进行预评估的目的,从而提出了基于城市通风环境的策略优化方案,其主要包括营造通风廊道、混合的功能布局以及调控建设强度;在后期审批阶段,需要气候学家在了解规划和设计实践背景的基础上,积极地参与到城市规划制定、编制、评审中去,参加论证会、咨询会等。在城市设计管理上,提出了制定城市通风廊道专项规划、强化与空间规划的衔接和加强部门间沟通的策略和方法,以保障通风廊道规划的可操作性。整体的编制流程包括引导城市设计规划中对通风环境的研究,规划城市主要通风廊道和次要通风廊道及其他空间要素,用构建的多孔介质模型检验规划设计成果,对模拟结果中不利于通风的空间结构组织进行改进及优化。这种工作程序的提出将有利于提供城市规划发展新思路,并有助于使城市风道规划真正地具有可实施性。

6.1.3　街区尺度

城市街区层面规划设计因素不仅仅限于建筑群排列组合、高度变化、间距控制等方面,还需要考虑城市道路系统、绿地系统等影响因素。本书建立了较为理想的简化三维空间风道模型,以便开展单纯的数值模拟,目的在于为中国大城市众多的城市住区提出规划设计优化意见,以期能基本实现街区尺度城市风道量化模拟及规划指标参数化。例如,对于道路型风道、绿地型风道、水体型风道,其适宜的宽度范围为 50～80m,80m 为最佳宽度;对于水体型风道,其适宜的宽度范围为 40～80m,80m 为最佳宽度。综合考虑用地的经济性、通风性能和地区差异,为形成良好的城市通风环境,建筑高度宜在 24～48m,而且以 48m 为最佳。在风速和表面空气动力学粗糙度较小以及其他条件相同的前提下,水体型风道通风能力最佳,道路型风道次之,绿地型风道最差。当街区建筑为板式建筑,布局模式为行列式布局或者行列式与围合式混合布局时,为提升城市通风环境质量,可优先布局水体型风道,风道的最佳宽度为80m,建筑的最佳高度为48m。还可以搭配绿地型风道进行布置,通风效果更佳。根据模拟结果还可以得出其他结论,如建筑的迎风角度和建筑结构会影响城市通风。为营造良好的城市通风环境,宜将建筑长边方向与主导风向平行布置,宜选择点式建筑或者塔式建筑,以尽量减小建筑对通风的阻碍。

6.1.4　街道尺度

1. 分析了建筑密度、建筑高度和容积率对城市街道型风道通风效果的影响

建筑密度、建筑高度和容积率是城市控制性详细规划中最重要的三个建筑形态控制参数,直接影响城市街道型风道的通风效果。为揭示中国大城市建筑形态参数对街道型风道通风效果的影响程度及机理,本书首先选择南京市中心区中山路两侧约 $10.84km^2$ 的街区为研究区,基于 Python 程序高分辨率遥感图像,提取并构建了该街区城市海量真三维空间 GIS 数据,定量分析研究区内建筑密度、建筑高度和容积率的空间分布特征;其次,借助 Fluent 平台和统计分析软件,通过量化模拟获得该街区在 1.5m、10m 及 30m 等不同高度的风场云图,以揭示风场与建筑形态参数之间的相关性以及不同高度的建筑形态控制参数对城市通风的影响。结果发现,在各高度上,风速曲线与建筑密度曲线走势相反,风速较高处与路口的位置基本一致;在 10m 高度,风速与建筑密度之间的反向趋势最为明显;而建筑密度与风速呈负相关,相关系数为 0.040(1.5m)、-0.475(10m)、-0.314(30m),建筑高度与风速呈正相关关系,相关系数为 0.237,而容积率与风速无明显相关性。

2. 提出通风廊道建设规划对策

结合南京城市核心区的建成环境特点,针对我国大城市中心区,本书提出降低建筑密度、建设低层建筑贯通空间、将高层建筑布局在主风道两侧等通风廊道建设规划对策,为我国未来大城市风环境的改善提供科学参考。

6.2 本书的创新及后续研究展望

6.2.1 本书的创新

（1）在城市尺度层面,本书创造性地在明晰城市风道基本概念和基本原理基础上,首次尝试着将遥感数据提取、GIS 空间数据叠加分析、城市风特征分析及城市规划建设实践有机统一起来运用到城市尺度城市风道构建的研究之中。

（2）在城区尺度层面,本书创造性地将宏观的城市风道的三维空间结构抽象为微观的多孔介质三维空间模型,通过建立简化的多孔介质简化风场模拟模型与实测数据结合实现了城区尺度整体风场的三维空间模拟,并且结合杭州未来科技城实例提出了基于风场模拟结果的城市规划设计优化策略与方法。

（3）在城市街区或街道层面,本书紧扣建筑密度、建筑高度、容积率等与城市规划设计密切相关的空间指标参数,基于 CFD 三维风场模拟技术,揭示城市住区和不同类型城市风道风场的主要影响因素,为城市住区和城市街道通风效果的改善提供了可靠的量化依据。本书还从定量的角度对城市街道的宽度、长度与建筑体的关系,以及建筑群体的布局等要素对城市通风效果的影响进行了分析,从而有利于更加合理地处理好城市空间的关系。

（4）本书有关多尺度城市风道综合评价及预留保护对策的研究成果能推进政府部门加以重视与引导,建设管理控制规范,能为城市地方政府构建相应的技术法规、在不同城市规划阶段城市风道规划建设指标的具体空间落实提供科学依据。

6.2.2 后续研究展望

本书成果为多尺度城市风道量化研究以及城市规划设计管理优化研究提供了基础,但还存在普适性不强、过程复杂等现实问题,特别是 CFD 模拟技术非常耗时。因此,还需要从技术方法和应用领域的发展的角度审视城市风道的量化研究。

　　城乡规划的学科领域与研究热点越来越多地受到互联网创新与信息智能技术的影响。一方面,大数据的广泛应用成为城市规划方面的技术革新的核心驱动力。"互联网＋"背景下的海量、多源、开放以及可视化的时空数据,如手机信令数据、传感器数据等为城市发展模型的构建与评估、动态模拟与智能学习等规划技术的有效应用奠定了基础,对规划手段的革新提出了新的要求,为精细化城市管理、智慧城市建设提供了全新的运作模式;另一方面,智慧技术的应用促进了规划决策方法的重塑,遥感技术(RST)、地理信息系统(GIS)、人工神经网络(ANN)、机器学习(ML)等使得规划人员可以从更加精细、动态、智能的角度进行资源调查、环境评估、地域规划、公共设施管理、交通梳理等,从而优化管理流程并提升洞察力与决策能力,这些改革已经使得当代城乡规划学科研究的科学范式悄然改变。新技术的革新与应用会是一个长期演进的过程,将作为城乡规划学科发展的重点之一,面向信息智慧的技术应用将成为我国未来城乡规划学科领域的发展趋势。随着高分遥感、激光雷达、无人机等技术的迅猛发展,城市三维高分数据获取的效率将大大提升。例如,体像元的提出与应用将进一步推进多孔介质城市风场三维模拟模型的发展,未来基于体像元构建与多孔介质模型的城市风场模拟技术将大大提升风场模拟的普适性和模拟效率,将其应用于规划设计将更加便捷有效。另外,在采用 GIS 叠加分析法研究城市空气引导通道时,各影响因子的评价标准没有国家或地方各级的技术规范可参考,主要依据影响因子对城市通风潜力的影响程度定性划分为好、较好、中等、较差和差五个等级并分级赋值,在后续的研究中需进一步完善分级赋值标准,可通过模拟实验对每项影响因子深化研究,确定每项影响因子的评价标准。

　　CFD 数值模拟技术已成为城市风道量化研究的主要技术手段之一,因此城市空间结构模型、发展规划模型与 CFD 高精度模拟的进一步融合是未来城市风道研究的方向之一。从城市设计导则的完整性角度来看,控制性指标需要进一步深化研究。在城市设计中需要重视控制性指标与设计的结合。从空间规划的角度,应将城市通风廊道的规划研究纳入国土空间规划中,并从协调各项规划的视角探索进一步确立空间规划体系,以此更好地发挥规划引领及管控的作用,推动我国城市生态文明建设和城市环境的改善。